AF643934

Dirk Mangartz

111 MOTO GUZZI STORIES DIE MAN KENNEN MUSS

INHALT

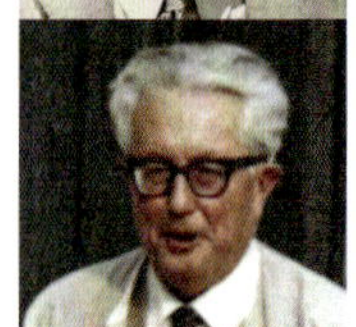

RACING | 84

HIGHLIGHTS | 104

DESIGN | 130

SKURRILES | 142

Vorwort

Seit mehr als 100 Jahren steht Moto Guzzi für faszinierende Motorräder aus italienischer Fertigung. Für Leidenschaft, facettenreiche Ingenieurskunst und eindrucksvolle Tradition. Der Marke vom Comer See ist es gelungen, gleich zwei Triebwerkskonzepte als einzigartiges Erkennungsmerkmal zu etablieren: zunächst den liegenden Einzylinder mit außenliegender Schwungscheibe und Mitte der 1960er Jahre den V2-Motor mit längslaufender Kurbelwelle sowie Kardanantrieb zum Hinterrad. Doch Moto Guzzi ist weit mehr als nur ein Hersteller attraktiver Straßenmotorräder. Seit 1921 entstanden in den legendären Hallen am Comer See alle nur denkbaren Motorradgattungen – von Mofas über Luxustourer bis zu erfolgreichen Grand-Prix-Racern. Angetrieben von Motoren mit ein, zwei, drei, vier oder acht Zylindern, mit zwei oder vier Takten. Daneben widmete sich das Werk auch Ackergeräten, Dreirädern oder Flugzeugtriebwerken, nutzte bereits in den 1950er Jahren einen eigenen Windkanal und belieferte Polizeidienststellen in aller Welt mit robusten Behördenkrädern. Kaum ein Motorradhersteller zeigte sich experimentierfreudiger und vielfältiger.

Bei allem Erkundungsdrang meisterte es Moto Guzzi dabei stets, in besonderem Maße die Sinne anzusprechen. Während die Fahrt auf einer Falcone, Le Mans, California oder Griso einen gefühlsintensiven Ritt auf einer fahraktiven Verbrennungsmaschine verkörpert, so wird auch der Herstellungsort Mandello del Lario, deren Einwohner sich bedingungslos mit ihrem Motorradwerk identifizieren, von einer ganz besonderen Magie umweht. Kein Wunder, dass sich um Moto Guzzi eine lebendige Fangemeinde gebildet hat, die gemeinsam feiert, Rennen austrägt und die eigenwilligen Maschinen der Marke mit dem Adlerlogo bedingungslos verehrt. All das und noch viel mehr zeichnet »111 Moto Guzzi Stories« in 111 abgeschlossenen Geschichten nach, die einen transparenten Lesespaß ermöglichen und ein stimmiges Gesamtbild ergeben – von einem der ältesten, bedeutsamsten und passioniertesten Motorradhersteller der Welt.

Dirk Mangartz

Unter Palmen: Bereits in den 1920er Jahren präsentierte die »Societa Anonima Moto Guzzi« die neuesten Straßen- und Rennmotorräder auf Ausstellungen und Messen.

FRÜHWERKE

Soc. An. MOTO GUZZI

1__ Normale, Sport und Co.

Die ersten Serienmotorräder aus Mandello

War der 1920 fertiggestellte Prototyp von Carlo Guzzi und Giorgio Parodi noch ein anspruchsvolles und schnelles Sportmotorrad, so sollte die erste Serienmaschine der jungen Marke Moto Guzzi bei aller Begeisterung für fortschrittliche Technik vor allem robust und alltagstauglich werden. Die wesentlichen Konstruktionsmerkmale des G.P. getauften Einzelstücks fanden sich in der Serienproduktion wieder, auf den Vierventilkopf und die aufwendige ohc-Steuerung wurde jedoch verzichtet. Während andere Hersteller noch Schnüffel-Einlassventile, getrennte Getriebe und Lederriemen zur Kraftübertragung verwendeten, setzte die Tipo Normale bereits auf ein verblocktes Motor-/Getriebegehäuse, Kettenantrieb und gesteuerte Ventile. 1921 präsentierte die neue Marke Moto Guzzi ihr erstes frei käufliches Zweirad. Die Normale verfügte über einen 500-ccm-Einzylindermotor mit 8 standfesten PS – genug für eine Höchstgeschwindigkeit von 85 km/h. Über ein handgeschaltetes Dreiganggetriebe konnte die Übersetzung sortiert werden.

1923 löste die Tipo Sport die Normale ab. Deren leichterer Rahmen und ein auf 13 PS bei 3800 Umdrehungen leistungsgesteigerter Motor erlaubten eine V-max von 100 km/h. Auf die weiterentwickelte Sport 14 folgte die stilistisch deutlich moderner gestaltete Sport 15 mit Satteltank, der anders als der bisherige Stecktank das obere Rahmenrohr abdeckte. Ab 1928 ergänzten zudem die touristischen GT-Modelle – G.T., G.T. 16 sowie die Militärmodelle G.T 17 und G.T. 20 – mit Hinterradfederung die sportlichen Starrrahmentypen. Noch bis 1940 wurden mit den Typen S und G.T.S. – nun mit vier Gängen – wirtschaftliche Gebrauchsmotorräder angeboten, die weiterhin auf den robusten, aber leistungsschwachen Motor mit gegenüberliegenden Ventilen vertrauten. Erst mit der letzten Alce von 1945 verschwanden diese in die Jahre gekommenen Dinosaurier vom Markt und machten dem technischen Fortschritt in Form schräg im Kopf hängender Ventile Platz.

___ Erstes Serienmotorrad der jungen Moto-Guzzi-Aktiengesellschaft war die 1921 präsentierte »Normale«.

MOTO GUZZI

MOTO GUZZ
MOTO GUZZI

Heute steht eine »Normale« im Werksmuseum von Moto Guzzi als Startpunkt der Serienproduktion in Mandello del Lario.

2 »V«-Männer

Moderne Motoren für die 500-ccm-Klasse

Seit Gründung des Unternehmens im Jahr 1921 hatte Moto Guzzi den liegenden Einzylinder mit rund 500 ccm als den idealen Antrieb für seine Motorräder ausgemacht. Die Techniker vom Comer See entwickelten das Konzept kontinuierlich weiter, um Leistungsentfaltung, Zuverlässigkeit und Wirtschaftlichkeit zu steigern. Ein wichtiger Meilenstein in der Geschichte der Einzylinder-Modelle aus Mandello del Lario sollte der Motor mit zwei im Kopf hängenden Ventilen werden. Kombiniert wurde der »V« getaufte 500er-Motor mit offen laufenden Haarnadel-Ventilfedern und einem Vierganggetriebe. Anders als der alte Single mit gegenüberliegenden Ventilen leistete das 1933 vorgestellte »V«-Triebwerk bereits in der Basisversion 18,9 PS. Das neue Aggregat fand Verwendung im Starrrahmenmodell V, in diversen Typen mit Federrahmen (GTV, Astore, Falcone), in Sportmotorrädern (GTW, GTC, Falcone Sport), Racing-Bikes (Condor, Dondolino, Gambalunga) und Militärversionen (Superalce, Falcone Militare). Sogar Modelle mit 12-Volt-Anlage und Elektrostarter (Ercole, Falcone Corazzieri) entstanden hinter den gelben Mauern der Fabrik in Mandello.

Nach dem Zweiten Weltkrieg erhielt das V-Triebwerk einen gekapselten Ventiltrieb und ein neu konstruiertes Vierganggetriebe, was zu einer weiter gesteigerten Alltagstauglichkeit führte. Erst mit dem Auslaufen der letzten Falcone-Modelle 1966 verschwand der Motor mit der charakteristischen im Freien rotierenden Schwungscheibe aus dem Programm von Moto Guzzi. Doch auch da war die Geschichte des Aggregats noch nicht zu Ende geschrieben. Denn bis 1980 wurde eine spezielle, besonders robuste Variante des V-Motors mit automobilem Fünfganggetriebe und Kardanantrieb für Transportfahrzeuge des Hauses, die Ercole-Dreiräder, gefertigt – womit der ohv-Motor stattliche 43 Jahre in Produktion blieb.

Mit 18,9 PS gehörte die GTV von 1945 auf die Überholspur der Autostrada. Noch schneller war nur die 130 km/h flotte GTW.

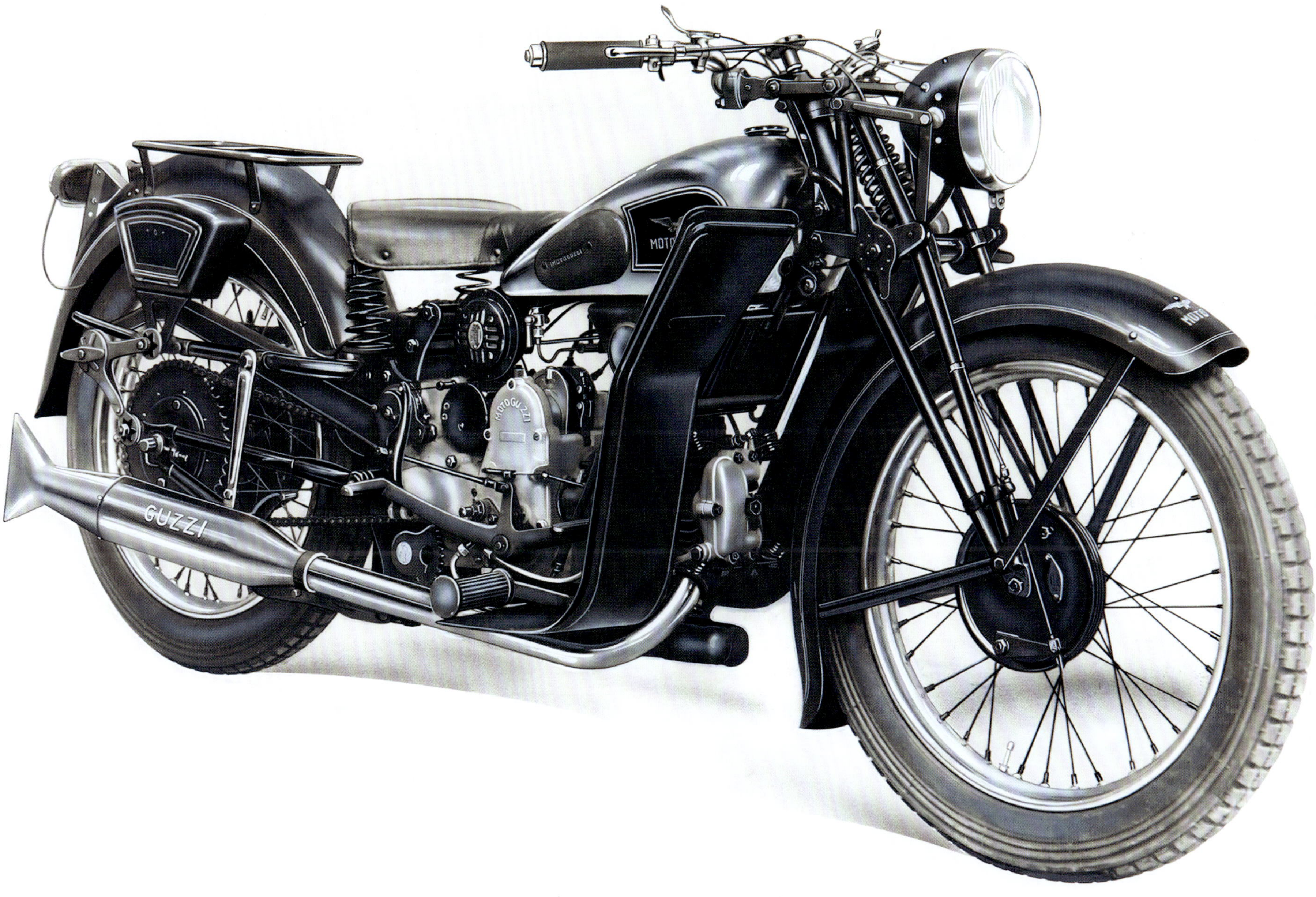
GUZZI

3 Von der P 175 zur Airone

Kleine Einzylinder als Erweiterung der Produktpalette

Ein Jahrzehnt lang hatte Moto Guzzi ausschließlich Motorräder in der noblen Halbliterklasse gefertigt. Im Jahr 1932 erkannte man, dass eine ähnlich wie die großen 500er konstruierte Maschine für die steuerbegünstigte 175-ccm-Klasse durchaus erfolgreich sein würde. Also entstand ein neuer Motor im klassischen Layout mit hängenden Ventilen und zunächst 175 ccm. Die damit bestückte P 175 konnte vergleichsweise preiswert angeboten werden und erschloss der Marke vom Comer See schnell neue Kunden.

Nachdem der italienische Staat die Steuervergünstigungen für 175er aufgehoben hatte, vergrößerte Moto Guzzi den Hubraum für die P 250 auf 238 ccm. Varianten mit Hinterradfederung oder leistungsgesteigertem Motor (P.E.S.) folgten. Die Rolle des Volksmotorrads übernahm ab 1939 die grau lackierte und mit kostengünstig produzierten Blechpressteilen bestückte Ardetta, die sogar per fortschrittlicher Ratenzahlung von 170 Lire pro Monat erworben werden konnte.

Als Airone erhielt die kleine Einzylinder-Guzzi einen Hubraum von nun 247 ccm und ein Vierganggetriebe. Das hübsche, rot lackierte Motorrad war als Turismo mit 9,5 PS und als Sport mit Alufelgen, zurückverlegten Fußrasten und 12 PS erhältlich. Nach dem Zweiten Weltkrieg entwickelte sich die Airone zur meistverkauften 250er Italiens und blieb 15 Jahre lang – bis 1957 – im Programm von Moto Guzzi.

Erfolgsmodell mit 250 Kubik: Nach dem Zweiten Weltkrieg lebte der kleine Einzylinder als Airone weiter.

4__ Falcone

Die Krönung der Singles

Bereits die erste Kreation von Carlo Guzzi verfügte über einen liegenden Einzylinder-Motor mit integriertem Getriebe, einer Bohrung von 88 Millimetern, einem Hub von 82 Millimetern und daraus resultierend einem Hubraum von 498 ccm. Über viele Jahrzehnte wurden die 500er bei Moto Guzzi kontinuierlich weiterentwickelt. Auf die Nachkriegsmodelle GTV und Astore folgte 1950 die ultimative Ausbaustufe der Einzylinder-Modelle, die Falcone. Wie bei ihren Vorgängern setzte Moto Guzzi wieder auf den traditionellen Hubraum. Ein 23 PS starker Motor mit gekapseltem Ventiltrieb, ein neues Getriebe im Dauereingriff und eine sportliche Optik machten die Falcone fit für die 1950er Jahre. Mit ihrer schicken roten Lackierung, einem sorgsam ausgeführten Finish, ihrer tadellosen Zuverlässigkeit und einer für die frühen 1950er Jahre atemberaubenden Höchstgeschwindigkeit von 135 km/h bildete die Falcone – gemeinsam mit ihrer ärgsten Konkurrentin Gilera Saturno – die Speerspitze der italienischen Motorradfertigung.

1954 ergänzte die in der Leistung auf 18 PS zurückgenommene Falcone Turismo das nun Falcone Sport getaufte Ur-Modell. Viele Privatfahrer verwandelten die Falcone in ein konkurrenzfähiges Rennmotorrad. Da Motor- und Fahrwerksteile der Production Racer Dondolino oder Condor passten, ließ sich die Performance für Sporteinsätze problemlos steigern.

Für die italienischen Behörden wurde die Falcone zum Standardmotorrad. Die Polizia Stradale ließ sie stundenlang am Straßenrand tuckern, das Militär stoppelte abseits geteerter Straßen darauf herum, und die Carabinieri jagten Verbrecher auf dem zähen Einzylinder. Für die meisten Motorradfahrer blieb die stattliche, 18 Jahre lang produzierte 500er jedoch ein unerreichbarer Traum. Keine Frage: Die Falcone ist noch heute die klassische Moto Guzzi schlechthin.

__ In Reih und Glied: Falcone, Falcone Sport und Falcone Turismo in einer norditalienischen Privatsammlung.

Nach dem Zweiten Weltkrieg florierte am Comer See die Produktion von Kleinmotorrädern mit 65 ccm bis 235 ccm.

KLEINZEUG

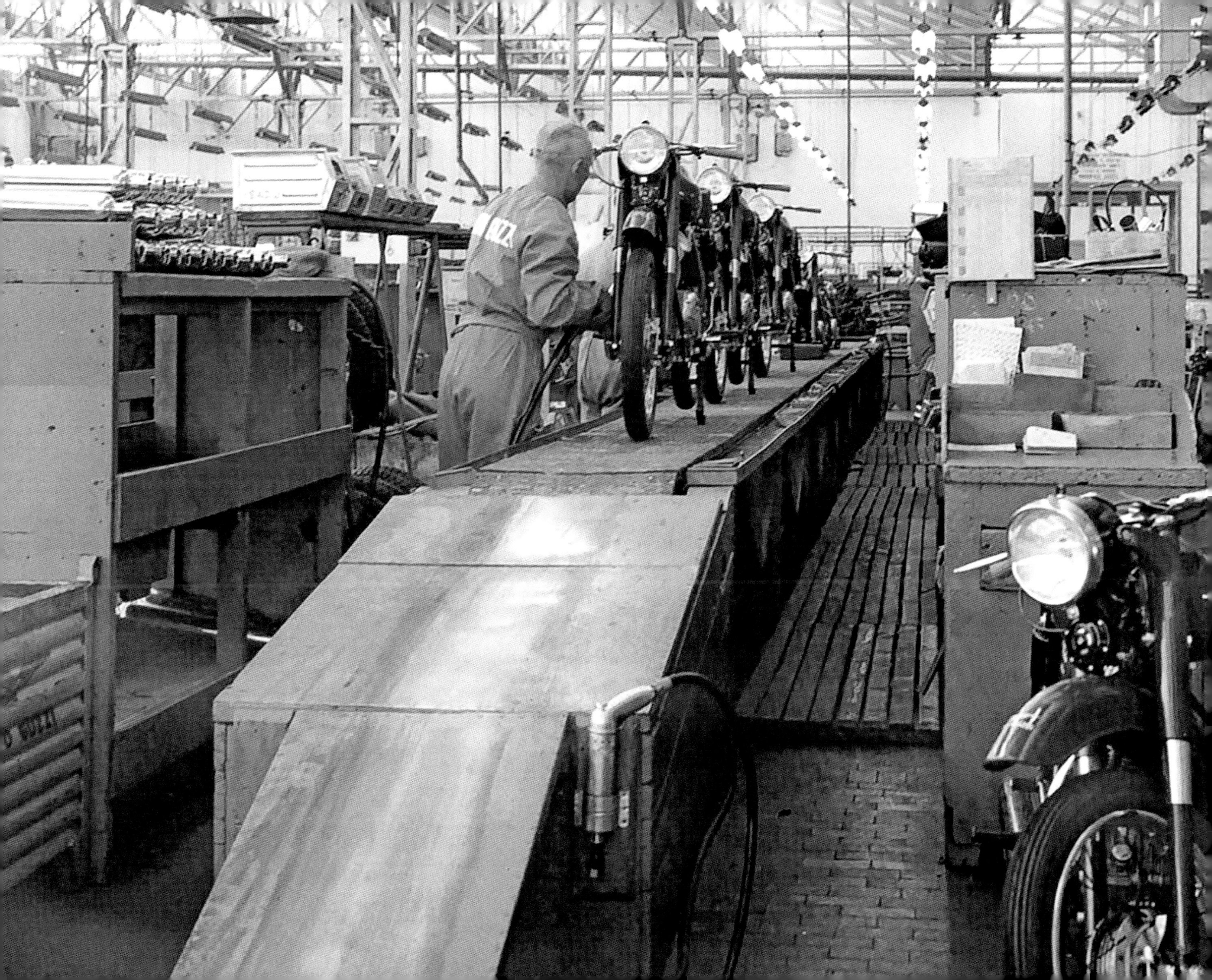

5__ Volksmotorisierung

Motoleggera – der erste Zweitakter aus Mandello

Mit der 1946 präsentierten Motoleggera leistete Moto Guzzi einen wichtigen Beitrag zur Motorisierung in Italien. Für den Wiederaufbau nach dem Zweiten Weltkrieg war der Bedarf an bezahlbaren Verkehrsmitteln riesig. Vor allem kleine Motorräder galten als unersetzlich für die Mobilität. Bei Moto Guzzi fiel zunächst der Entschluss, einen Hilfsmotor zum Einbau in Fahrradfahrgestelle zu fertigen. Doch es stellte sich schnell heraus, dass diese simple Lösung nicht zum Qualitätsanspruch der Marke aus Mandello del Lario passen sollte.

In der Folge entstand ein kompaktes, einsitziges Leichtmotorrad mit 65 ccm und 2 PS mit Namen Motoleggera. Zum ersten Mal hatte sich Moto Guzzi an einen Drehschieber-Zweitaktmotor gewagt und direkt einen Volltreffer gelandet. Das einfache, aber robuste Zweirad, das auch Guzzino genannt wurde, kam gut an und verkaufte sich prächtig – auch weil es wie ein echtes Motorrad und nicht wie ein Fahrrad mit Hilfsmotor aussah.

Erst 1953 erschien der Nachfolger Cardellino mit 73 und später 83 ccm, der auf der Urversion basierte. Endlich konnte ein Sozius mitgenommen werden, außerdem federte das Hinterrad nun im Takt der Schlaglöcher. Erst 1965 endete die Produktion der letzten Version, der Nuovo Cardellino, um von der Dingo abgelöst zu werden. Mit fast 215.000 verkauften Einheiten hatte Moto Guzzis erstes Zweitaktmotorrad kräftig zum Aufbau Italiens beigetragen.

__ Obwohl für die Guzzino bis 1951 kein amtliches Kennzeichen beantragt werden musste, sah die kleine 65er aus wie ein richtiges Motorrad.

MOTO GUZZI
MOTO GUZZI

6 Galletto

Der erste Großradroller der Zweiradgeschichte

Weil sich vor allem im Italien der Nachkriegsjahre Motorroller wie die Vespa oder Lambretta blendend verkauften, beschlossen Carlo Guzzi und Enrico Parodi Anfang der 1950er Jahre den Bau eines eigenen Rollers. Doch wie gewohnt ging man die Entwicklung bei Moto Guzzi anders an als bei den Mitbewerbern. Simple Zweitakttechnik und winzige Schubkarrenräder passten nicht zum soliden Image der Marke aus Mandello. Zunächst einmal wurde entschieden, 17 Zoll große Räder zu verbauen, um optimalen Fahrkomfort auf den mitunter katastrophalen Straßen gewährleisten zu können. Außerdem sollte das Galletto (zu Deutsch: Hähnchen) getaufte Projekt von einem Viertaktmotor im Stile des Hauses angetrieben werden – einem liegenden Einzylinder mit offener Schwungscheibe.

1950 erschien mit dem Galletto 160 nicht nur eine ungewöhnliche Kreuzung aus Motorrad und Roller, sondern auch der erste Großradroller der Zweiradgeschichte. Das optional erhältliche, vor den Beinblechen montierte Ersatzrad verlieh dem Galletto eine unverwechselbare Optik. Dank eines ausgeklügelten Fahrwerkskonzepts mit einem Rahmen aus Blechpressteilen und Cantileverfederung für das Hinterrad punktete der Roller mit sicheren Fahreigenschaften. Er erwarb sich schnell einen hervorragenden Ruf als solides Nutzfahrzeug, einfach zu bedienen und mit hohem Komfort. Nicht ohne Grund sprach der Galletto vor allem ältere, seriöse Fahrer an und galt schon bald als »das Motorrad des Pfarrers«.

Nach zwei Jahren vergrößerte die Mannschaft aus Mandello den Hubraum auf 175 ccm, die Motorleistung stieg von 6 auf 7 PS. 1954 wurde der Hubraum erneut angehoben. Aus 192 ccm schüttelte der Einzylinder nun 7,5 PS. Die ultimative Ausbaustufe des Galletto erschien im Jahr 1961. Der geliftete Scooter erhielt ein neues Design mit gekapseltem Scheinwerfer und 12-Volt-Elektrostarter. Doch gegen den Trend zum Kleinwagen konnte selbst der kommode »192 Elettrico« nichts mehr ausrichten. Die Produktion des wegweisenden Großradrollers endete 1965.

Kreuzung aus Motorrad und Roller: Der Galletto vereinte die Vorteile beider Bauarten und bot hohen Komfort, gute Fahreigenschaften, problemlose Bedienung und guten Wetterschutz. Optional war ein Reserverad erhältlich.

MOTO GUZZI
MOTO GUZZI
MOTO GUZZI

Die hauseigene Spedition versorgte die italienischen Vertragshändler mit Tausenden preiswerter Trotter-Mofas. Importeure im Ausland erhielten ihre Fahrzeuge häufig per Bahnfracht.

MOTO GUZZI
MOTO GUZZI
MOTO GUZZI

7 Lodola und Stornello

Abkehr vom liegenden Zylinder

Bis 1956 hatten Motorräder aus dem Hause Moto Guzzi ein spezifisches, von Ingenieur und Firmenpatron Carlo Guzzi vorgegebenes Charakteristikum: einen Viertaktmotor mit liegendem Zylinder. Da die Modellpalette Mitte der 1950er Jahre jedoch veraltet war und größere Motorräder wie die typischen 500er aus Mandello mittlerweile von preiswerten Kleinwagen wie dem Fiat 600 verdrängt wurden, suchte die Geschäftsleitung nach einer Alternative und fand sie 1956 in Form der Lodola 175, einem modernen Kleinmotorrad, das erstmals über einen schräg stehenden Zylinder verfügte.

Das moderne Viertakttriebwerk mit kettengetriebener oben liegender Nockenwelle war die letzte Konstruktion von Carlo Guzzi. Zunächst genügten der Lodola 9 PS, als Lodola Sport leistete das kleine Sportmotorrad ab 1958 beachtliche 11 PS. Jedoch musste Carlo Guzzi erkennen, dass die Auslegung mit oben liegender Nockenwelle einerseits technisch nicht unkapriziös und außerdem kostspielig in der Herstellung war. Deshalb entwickelten die Ingenieure für die ab 1959 angebotene Lodola Turismo einen Ventiltrieb mit Stößelstangen und unten liegender Nockenwelle. Die Sport fiel aus dem Programm. Obwohl die Turismo nun 235 ccm aufwies, hatte sie nicht mehr Leistung als die 175er. Allerdings gefiel sie mit einem höheren Drehmoment bei niedrigen Drehzahlen. Die Geländemaschinen, mit denen das Werk an Veranstaltungen wie den »Valli Bergamaschi« oder den »Six Days« teilnahm, waren auf 247 ccm aufgebohrt, außerdem erhielten sie fünf Gänge und die leistungsfördernde ohc-Ventilsteuerung der ursprünglichen 175er-Modelle.

1960 erschien ein weiteres Modell mit schräg stehendem Zylinder, die Stornello. Ihr 125-ccm-Viertakter konnte dank parallel stehender Ventile und ohv-Steuerung äußerst preiswert hergestellt werden. Als Turismo leistete die Stornello anfänglich 7 PS, als Sport 8,5 PS. 1967 folgten die Stornello Sport America sowie Scrambler America und 1970 die gründlich renovierte Stornello Nuovo mit Fünfganggetriebe, die nun auch als – in Italien autobahntaugliche – 160-ccm-Version erhältlich war. Wegen ihrer sprichwörtlichen Zuverlässigkeit und des niedrigen Preises verkauften sich die Stornello-Typen viele Jahre lang hervorragend und entwickelten sich zur wichtigen Stütze im Verkaufsprogramm von Moto Guzzi.

Die »Regolarita«-Geländemodelle von Lodola und Stornello (im Bild) erwiesen sich als erfolgreiche Wettbewerbsmotorräder.

8 Kleinkrafträder

Zweitakter mit Pfiff

Bei Motorrädern aus dem Hause Moto Guzzi denkt man unweigerlich an große Viertakter – niedertourige Einzylinder oder mächtige V2-Boliden mit Kardanantrieb. Doch in Mandello del Lario entstanden auch weit weniger anspruchsvolle Gefährte, etwa Zweitaktmodelle für jugendliche Sportfahrer und urbane Transportaufgaben. Im Jahr 1963 erschien mit der Dingo ein Fahrzeug, das die Cardellino ablöste und mit 49 ccm und sportlichem Auftritt perfekt in die Klasse der Kleinkrafträder passte. Die ersten Modelle, Dingo Turismo und Dingo Sport, begnügten sich noch mit Dreiganggetriebe und Pressstahlrahmen. 1967 folgten weitere Typen mit Rohrrahmen. Dingo GT, Super, Granturismo und Cross erhielten außerdem einen vierten Gang. Auch ein Automatikmodell und ein Kleinmotorrad mit 62 ccm ergänzten das Dingo-Modellprogramm.

Wem die Dingo zu groß und zu teuer war, für den nahm Moto Guzzi ab 1966 das Mofa Trotter ins Programm auf. Mit Eingang-Automatik dank Fliehkraftkupplung versprach es einfachste Bedienung. Das preiswerte Fahrzeug war weder vorne noch hinten gefedert, konnte jedoch als erstes Fahrzeug von Moto Guzzi überhaupt in verschiedenen Farben geordert werden. Nach nur vier Jahren wurde der kleine Zweitaktmotor mit 40 ccm von einem 50-ccm-Motor mit horizontalem Zylinder abgelöst. Als Trotter Mark federte nun nicht nur das Vorderrad, sondern auch die Hinterradschwinge. 1973 folgte die Chiu, ein Automatik-Mofa mit Trotter-Technik, aber modernerer Optik.

1974 bereicherten zwei neue Kleinkrafträder das Moto Guzzi-Programm: Cross 50 und Nibbio. Beide waren bei Benelli entwickelt worden. Als technische Besonderheit verfügte die Cross 50 über ein zweites Kettenrad am Hinterrad, das eine schnelle Änderung der Übersetzung für Geländebetrieb ermöglichte. Auch die Magnum, ein Minibike im Stil der erfolgreichen Honda Dax, wurde bei Benelli gestaltet. Die Antriebseinheit samt Fünfganggetriebe entsprach der von Cross 50 oder Nibbio. Anfang der 1980er Jahre liefen die kleinen Zweitaktmodelle nach und nach aus. Moto Guzzi widmete sich wieder ganz dem Bau großer V2-Motorräder.

Rohrrahmen, Stummellenker und vier Gänge: Die Dingo Sport von 1969 war kein Moped mehr, sondern ein kleines Sportmotorrad.

MOTO GUZZI

Im Modellprogramm von Moto Guzzi finden sich echte Highlights, die nicht nur die eigene Entwicklung, sondern auch den gesamten Motorradmarkt beeinflussten. Einen Italo-Amerikaner wie die 850 T3 California etwa konnte Ende der 1970er Jahre kein anderer Motorradhersteller anbieten.

MEILENSTEINE

DU
0783

9_ V7 700

Urknall einer neuen Generation

Im Laufe der vergangenen 100 Jahre entstanden bei Moto Guzzi viele wegweisende Produkte: Trendsetter, Design-Meilensteine, Bestseller. Doch den wohl mächtigsten Impuls gab zweifellos die V7 700 von 1966. Mit ihr begann in Mandello ein neues Zeitalter. Ihre technische Konzeption mit 90°-V2-Motor und Kardanantrieb zieht sich durch alle nachfolgenden Fahrzeuggenerationen. Und ganz nebenbei rettete die V7 die Marke vor dem sicher scheinenden Untergang. Doch beginnen wir ganz von vorne.

Mitte der Sechzigerjahre verlangten die italienischen Behörden nach einem modernen Motorrad. Kickstarter und die schwache elektrische Anlage wie bei der alten Falcone genügten den Ansprüchen von Polizia und Carabinieri nicht mehr, weshalb das Ministerio del Interno 1963 ein Ausschreibungsverfahren für ein neues Behördenkrad eröffnete. Parallel dazu entwickelte sich von den USA aus eine neue Szene von Motorradfahrern, die das Zweirad nicht mehr als Nutzfahrzeug, sondern als Sport- und Spaßgerät betrachteten. Die Moto-Guzzi-Importeure für die USA, Joe und Mike Berliner, versuchten mit Nachdruck, die italienische Marke dazu zu bewegen, ein größeres Motorrad für die US-Kundschaft zu entwickeln. Im Segment der Reisemaschinen klaffte zwischen BMW R 69 S und Harley-Davidson Electra Glide eine große Lücke.

Die von den Moto-Guzzi-Ingenieuren Giulio Cesare Carcano und Umberto Todero gestaltete V7 mit 42 PS starkem 703-ccm-V2-Motor erfüllte die Vorgaben beider Lager mit Bravour. Die robuste Guzzi entschied die Behördenausschreibung gegen namhafte Konkurrenten für sich. Und amerikanische wie europäische Tourenfahrer stürzten sich auf den unkaputtbaren Büffel. Ende 1966 ging die V7 700 in Produktion. Mit rot lackiertem Tank und silbernen Schutzblechen wirkte die zivile Tourenmaschine elegant und modern. Fulminante Verkaufszahlen zogen die angeschlagene Marke schon bald aus ihrer tiefen Depression. Doch zu diesem Zeitpunkt ahnte noch niemand, dass die V7 das erste Kapitel einer langen Modellgeschichte aufschlagen und Vorreiter aller neuen Moto-Guzzi-Modelle bis heute sein würde. Die erste serienmäßige Moto Guzzi mit V-Zweizylinder war nicht weniger als der Beginn einer neuen Ära.

__ Robuster Wegbereiter: Mit der V7 700 begann Mitte der 1960er Jahre eine neue Ära bei Moto Guzzi.

MOTO GUZZI

10__ V7 Sport

Das überlegene Konzept

Die V7 Sport gilt als Meilenstein in der Geschichte der Marke Moto Guzzi. Da der Schleifenrahmen der V7-Modelle bei Renn- und Sporteinsätzen an seine Grenzen kam, konstruierte Ingenieur Lino Tonti, der sich bereits mit der Fertigung von Rennmotorrädern einen Namen gemacht hatte, Anfang der 1970er Jahre einen neuen, leichteren Rahmen aus fast ausschließlich geraden Rohren. Der Rahmen umschloss den V2-Motor so eng, dass die Unterzüge für den Ein- und Ausbau des Aggregats teilbar gestaltet werden mussten. Das heute als Tonti-Rahmen bekannte Fahrgestell erwies sich als großer Wurf und empfahl sich als erfolgversprechendes Renngerät für Endurance-Wettbewerbe. Aus den Rennmotorrad-Prototypen entwickelte Tonti 1972 die straßentaugliche V7 Sport. In Verbindung mit einem auf 62 PS erstarkten 748-ccm-Motor legte sie den Schwerpunkt eindeutig auf Dynamik und bewies, dass das Moto-Guzzi-Konzept trotz Kardan und ohv-Motor auch zum ernst zu nehmenden Superbike taugte.

Zunächst erschien die V7 Sport ab Ende 1971 in einer Kleinauflage von 150 Stück für ausgesuchte Moto-Guzzi-Händler, für den Pressefuhrpark und für offizielle Renneinsätze. Diese wegen ihres rot lackierten Rahmens »Telaio Rosso« getauften Vorserienmodelle wurden allesamt von Hand in der Versuchsabteilung aufgebaut. Dabei gingen die Mechaniker mit großer Sorgfalt vor, sie polierten Kurbelwelle und Pleuel und achteten auf geringste Toleranzen. Das eigens für die Vorserie gefertigte und von der Getriebefabrik Tenagli gefertigte Fünfganggetriebe drehte sich in einem glatten Sandgussgehäuse. Telegabel, Kardangehäuse der V7 Special und einige andere Details unterschieden sie außerdem von der ab Ende 1972 produzierten Serienmaschine.

1972 lief die serielle Produktion der V7 Sport an, die nun über einen schwarzen Rahmen und viele modifizierte Details verfügte. So entsprach das Fünfganggetriebe mit seinem verrippten Gehäuse und robusteren Gangrädern dem des Tourenmodells 850 GT/Eldorado. Als Alternative zur vorderen 220-mm-Doppelduplextrommelbremse gab es ab 1973 optionale Scheibenbremsen – sogar eine Dreischeiben-Ausführung. Die letzten US-Modelle kamen serienmäßig mit 300-mm-Doppelscheibenbremse.

__ Die V7 Sport bewies eindrucksvoll, dass das V2-Konzept auch sportlichen Ansprüchen genügen konnte – und zählte ganz nebenbei zu den schönsten Motorrädern der 1970er Jahre.

MOTO GUZZI
V7 SPORT

Der charakteristische V-Motor mit längs liegender Kurbelwelle sollte sich nicht nur für den gemütlichen Toureneinsatz eignen. In der über 200 km/h schnellen V7 Sport von 1972 belegte er eindrucksvoll seine Eignung als Sporttriebwerk.

11 California Dreamin'

Die V7 850 California am Beginn einer Erfolgsstory

Im Jahr 1969 hatte Moto Guzzi eine Polizeimaschine speziell für den US-amerikanischen Markt entwickelt, die sich erfolgreich gegen die angestammten Dickschiffe von Harley-Davidson durchsetzen konnte. Dazu hatte man die V7 Ambassador mit Windschild, Packtaschen und Trittbrettern ausgestattet. Der amerikanische Lebensstil erfreute sich auch im alten Europa großer Beliebtheit. Daher beschlossen Moto-Guzzi-Verkaufsdirektor Michele Bianchi und Produktentwickler Dr. Giorgio Araldi die Konzeption eines lässigen Motorrades für diesen jungen Zeitgeist. Die ersten Schritte auf dem Weg zur kommenden Modellreihe liefen auf Basis der Ambassador Police an.

Bereits im November 1970 wurde die neue 750er unter der Typenbezeichnung »California« angekündigt – noch mit »Ambassador«-Schriftzügen auf den Seitendeckeln. Im Grunde handelte es sich um US-Polizeimaschinen, bei denen Sirene, Funkgerät und Signallampen entfernt wurden. Die auf der Mailänder Messe im November 1971 präsentierte V7 850 California unterschied sich deutlicher vom US-Vorbild. Verchromte Schutzbleche, ein dicker »Buddy«-Seat und »California«-Schriftzüge verliehen ihr einen eigenen Charakter. Nach wie vor diente die California als modisches Topmodell ausschließlich für europäische Märkte. In den USA hieß die 850er »Eldorado« und konnte auch von Privatkäufern als »Police Special« mit Einzelsattel, Trittbrettern und Einzeltacho geordert werden. Die Bezeichnung California kam in den USA erst viele Jahre später. Die letzte Serie der V 850 California wurde Ende 1973 mit einer Scheibenbremse im Vorderrad aufgewertet.

Bereits zwei Jahre später erschien mit der 850 T3 California eine völlig neu gezeichnete Tourenmaschine. Basierend auf dem ursprünglich für die V7 Sport entwickelten Tonti-Rahmen hatte die T3 durchaus sportliche Qualitäten. Auch sie lief in den USA nicht unter »California«, sondern hieß 850 T3 FB (für Floorboards gleich Trittbretter). Erst bei der California II von 1981 wurde die Bezeichnung auch in den USA populär. 1986 erhielt die California III eine barockere Optik mit Tropfentank, die sich über California 1100, California EV und California Vintage hielt. Mit der California 1400 präsentierte Moto Guzzi 2012 ein völlig neu gestaltetes Motorrad, das trotz hohen Gewichts die typische Dynamik der Mandello-Tourer in die Neuzeit trug.

California gegen Eldorado: Die Scheibenbremsmodelle der V7 850 für Europa und die USA unterscheiden sich nur in Details.

HAT
2008
14
MOTO GUZZI
MOTO GUZZI

12_ T wie Turismo

Erfolgreiche Tourenmodelle mit Tonti-Rahmen

Mit dem 850-ccm-Motor samt Fünfganggetriebe und vor allem dem neuen Rahmen der V7 Sport hatte Moto Guzzi ausgezeichnete Komponenten zur Hand, um daraus einen Nachfolger für die V7-Schleifenrahmenmodelle zu schmieden. Als erstes Ergebnis dieser Überlegungen erschien Ende 1973 die 850 T – ein modernes Tourenmotorrad mit hervorragenden Fahreigenschaften, sehniger und schlanker als die barocken V7-Typen. Zwei der wenigen Kritikpunkte an der 850 T waren die zu schwache Einscheibenbremse im Vorderrad sowie die hintere Trommelbremse. Die 850 T3 – »3« für drei Bremsscheiben – begegnete dieser Kritik mit professioneller Gründlichkeit, zählte ihre Brembo-Bremsanlage doch zum Besten, was auf dem internationalen Markt erhältlich war. Der enorme Erfolg bei Langstreckenfahrern und Behörden gab der soliden Konstruktion recht.

Weitreichendere Innovationen wies die 1975 präsentierte 1000 I-Convert auf. Nicht nur, dass ihr V2-Motor über nun 949 ccm verfügte, obendrein hatten die Ingenieure aus Mandello ihr ein Zweigang-Automatikgetriebe mit Drehmomentwandler verpasst. Damit war sie das erste große Motorrad mit Getriebeautomatik überhaupt, was vor allem auf dem US-Markt gut ankam. Weil europäische Motorradfahrer jedoch gern selbst die Gänge wechseln wollten, erhielt die 1000er alternativ ein Fünfgang-Schaltgetriebe und hieß damit V 1000 G5. Die vollverschalte, im Windkanal optimierte 1000 SP bediente sich der gleichen technischen Basis.1980 wurde aus der T3 die 850 T4 mit Tourenverkleidung. 1983 folgte die T5, die mit ihrem modischen Design und 16-Zoll-Rädern die Traditionalisten schockte. Darüber hinaus hielt der neue Motor mit »eckigen« Zylindern Einzug, der mit größerem Hubraum auch die verschalte 1000 SP II antrieb. Erst mit der Mille GT erschien 1987 wieder ein klassisch gestylter Allrounder, flankiert von 1000 SP III und der in nicht allen Regionen angebotenen Strada 1000. Die großen Guzzi-Tourer konnten sich fast zwanzig Jahre lang am Markt behaupten und stellten so eine dynamische Alternative zu BMW, Gold Wing und Co. dar.

__ Gebaut für ausgedehnte Reisen: Abgesehen von ihrem ungewöhnlichen Automatikgetriebe war die V 1000 I-Convert ein typisches Tourenmotorrad aus Mandello del Lario.

MOTO GUZZI
V1000
MOTO GUZZI

MOTO GUZZI
850 Le Mans
MOTO GUZZI
750 S

Mit den Modellen V7 Sport, 750 S und Le Mans (v.r.n.l.) hatte Moto Guzzi in den 1970ern bewiesen, dass der V2-Motor der V7 als Antrieb für ein ernstzunehmendes Sportmotorrad taugte.

13 Le Mans

Design-Klassiker, Cafe Racer von der Stange und ein Meilenstein für Moto Guzzi

Le Mans: Ein Begriff mit großer Strahlkraft, der sich unaufhaltsam in das Unterbewusstsein der internationalen Motorradgemeinde eingebrannt hat. Bis heute steht »Le Mans« für das charakteristische V2-Sportmotorrad aus dem Hause Moto Guzzi. Und das nicht ohne Grund.

Die Typenbezeichnung »Le Mans« tauchte erstmals 1972 auf. Für das 24-Stunden-Rennen im französischen Le Mans hatte die Rennabteilung von Moto Guzzi einen V7-Sport-Prototypen vorbereitet, bei dem erstmals ein 850-ccm-Motor eingebaut war. Weil De Tomaso die Produktion einer straßentauglichen 850-ccm-Sportmaschine hinauszögerte, erschien die Serien-Le-Mans jedoch erst 1976. Designer Paolo Martin hatte die Maschine als atemberaubenden Cafe Racer gestaltet. Das mit mattschwarzen Akzenten versehene Lackkleid ergab in Kombination mit winziger Bikiniverkleidung, kantiger Schaumstoffsitzbank und modischen Gussrädern ein stimmiges Gesamtbild. Dank hoher Verdichtung, großer Ventile und 36-mm-Dell'Orto-Vergasern leistete der 850-ccm-V2 stämmige 71 PS. Moto Guzzi hatte wieder ein konkurrenzfähiges Sportmotorrad im Angebot.

Mit der 850 Le Mans II erschien 1978 ein im Wesentlichen optisch modernisiertes Sportbike. Die größere, vom Tourer 1000 SP abgeleitete Verkleidung mit rechteckigem Scheinwerfer und Auto-Cockpit stieß nicht überall auf Begeisterung, zumal die breitere Gabel das Fahrverhalten negativ beeinflusste. 1980 kehrte Moto Guzzi zur puren sportlichen Linie zurück und präsentierte die Le Mans III. Neben einer neuen, kantig-puristischen Tank-Sitzbank-Linie verfügte die »LM 3« über einen Motor mit eckigen statt runden Kühlrippen. Den Liter Hubraum machte Ende 1984 die vierte Version des Le Mans-Themas voll. Die »Le Mans 1000« überraschte mit ihrem Achtziger-Jahre-Design und einem modischen 16"-Vorderrad. Das dadurch verursachte kippelige Fahrverhalten brachte der Le Mans 1000 viel Kritik ein. Mandello reagierte ab 1987 zunächst mit einem optional erhältlichen Nachrüstsatz auf 18 Zoll. Bei der zweiten, bis 1993 angebotenen Version der Le Mans 1000 – umgangssprachlich als Le Mans V bekannt – kehrte Moto Guzzi sowohl zum 18-Zoll-Rad als auch zum klassisch sportlichen Stil zurück.

Obwohl die Le Mans II (rechts) auf der puristischen Ur-Le-Mans von 1976 basiert, wirkt sie mit ihrer funktionalen Verkleidung eher wie ein sportlicher Tourer.

MOTO GUZZI
850 Le Mans
MOTO GUZZI
850 Le Mans

14 Kleine V-Zweizylinder

V 35 und V 50: Moto Guzzi bereichert die Mittelklasse

1976 präsentierte Moto Guzzi seine neue V-Zweizylinder-Baureihe für die Mittelklasse – die V 35 mit 346 ccm und die V 50 mit 490 ccm. Beide Newcomer verfügten über das bewährte Layout mit V-Motor und Kardanantrieb. Auch wenn die Motoren an die großen Zweizylinder angelehnt waren, so gab es jedoch beträchtliche konstruktive Unterschiede. Das Motorgehäuse der »Kleinen« war horizontal geteilt, die Verbrennung funktionierte nach dem Heron-Prinzip – mit Brennraum im Kolbenboden –, und die Aluminium-Hinterradschwinge war direkt im Getriebegehäuse gelagert.

1981 erschienen die Sportmodelle V 50 Monza und V 35 Imola mit kleiner Cockpitverkleidung und hübschem Design. Bei der V 65 von 1981 steigerten die Techniker den Hubraum auf 644 ccm. Eine längere Schwinge und eine neue Telegabel passten das Fahrwerk der höheren Motorleistung an. 1983 machte eine Vierventilversion des kleinen V2-Aggregats der V 65 Lario (und zwei Jahre später der V 75) Beine, die sich jedoch nicht durchsetzen sollte. Ab 1984 bereicherten die Enduro-Modelle V 65 TT, 650 NTX und 750 NTX das Portfolio. Außerdem konnten Chopper-Freunde auf den Typen Custom, Florida oder Nevada der Sonne entgegenreiten, Tourenfahrer erfreuten sich an der elegant verkleideten V 65 SP.

Die kleinen Moto Guzzis entwickelten sich im Laufe der kommenden Jahre zu wahren Bestsellern im Programm der Adlermarke. Nach der Breva 750 i.e. launchte Moto Guzzi 2008 die noch heute erfolgreiche V7-Baureihe im stilsicheren Retro-Design und ab der V7-II-Serie mit neuem Sechsganggetriebe. Es folgten die Modelle V9 und die V 85 TT mit neu gezeichnetem Fahrwerk. Auch bei diesen Typen basierte die Antriebseinheit noch immer auf der ersten V 35 von 1976.

Mit den Modellen V 50 und V 35 feierte das neu entwickelte Konzept für die Mittelklasse 1976 seinen Urstand.

MOTO GUZZI
V 50

15 Daytona

Dr. Johns Wunderwaffe

V7 Sport und 850 Le Mans hatten bewiesen, dass Moto Guzzi konkurrenzfähige Sportmotorräder bauen konnte. Ende der 1980er Jahre konnte die Le Mans 1000 jedoch nicht mehr viel gegen japanische Supersportler vom Schlage einer GSX-R oder FZR ausrichten. Das spürte auch der aus Pennsylvania stammende Zahnarzt und Langstrecken-Rennfahrer »Dr. John« Wittner, der noch 1985 mit seiner Le Mans die AMA Endurance Champion Chip in Daytona gegen alle japanischen Vierzylinder gewonnen hatte. Wittner versuchte mit frischen Ideen wie neuem Brückenfahrwerk und radikal verändertem Motor wettbewerbsfähig zu bleiben.

Moto-Guzzi-Eigner Alessandro de Tomaso erkannte die Möglichkeiten und holte Dr. John 1989 ins Entwicklungsteam nach Mandello del Lario. Dort hatte Umberto Todero bereits mit der Konstruktion eines neuen Sportmotors begonnen. Vier Ventile pro Zylinder und zwei hochliegende Nockenwellen mit kurzen Stößeln sollten dem alten V2 zu ungeahnter Leistung verhelfen. Das 998-ccm-Triebwerk pflanzte er in Wittners stabilen und leichten Rennrahmen. Dessen Rückgrat bestand aus einem rechteckigen Zentralrohr, angeschraubte Gussteile nahmen die Dreieckschwinge auf. Als »Daytona« stand der anbetungswürdige Prototyp auf der EICMA 1989. Doch erst 1992 konnte das Serienmotorrad geordert werden – nun als i.e. mit Marelli-Einspritzung, 95 PS und zu einem unverschämt hohen Verkaufspreis.

Da die Daytona zwar leistungsfähig, aber kaum gewinnbringend zu verkaufen war, ersann Moto Guzzi 1994 einen cleveren Plan. Tonti brachte den alten, aus der Le Mans bekannten Zweiventilmotor auf 1064 ccm und pflanzte das 90-PS-Aggregat in das drahtige Daytona-Fahrwerk. Die so entstandene 1100 Sport war kaum langsamer als die aufwendige Daytona, konnte aber spürbar preiswerter angeboten werden. Um die Differenz zu wahren, wurde 1996 die Motorleistung der Daytona RS auf 102 PS angehoben. Damit war die RS Moto Guzzis erstes Serienmotorrad mit mehr als 100 PS. 1999 wurde die von Anfang an verlustreiche Produktion der Daytona eingestellt. Auch wenn die Verkaufszahlen mit weniger als 700 Einheiten bescheiden blieben, hatte Moto Guzzi das Erbe der legendären Le-Mans-Serie standesgemäß fortgeführt.

Schnell und teuer: Mit Vierventilmotor und Zentralrohrrahmen war die Daytona i.e. ein konkurrenzfähiges und faszinierendes Sportmotorrad.

MOTO GUZZI
DAYTONA 1000
FUEL INJECTION
GUZZI

16 Griso

Musclebike mit Turbinenauspuff

Zum ersten Mal wurde sie auf der Intermot 2002 in München präsentiert: eine seltsame, aber höchst anregende Mischung aus Nakedbike, Retro-Sportler und Power-Cruiser. Die »Griso« getaufte Studie wirkte aggressiv, dabei sehr elegant und dank breitem Brückenrahmen, mächtiger, voll einstellbarer Upside-down-Gabel und luftiger Aluminium-Einarmschwinge technisch durchaus auf der Höhe der Zeit. Als Messe-Hingucker wurde sie vom Vierventilmotor samt Sechsganggetriebe der Daytona befeuert, dessen Abgase einem furiosen Auspuffschalldämpfer in Turbinenform entwichen. 2003 gab Moto-Guzzi-Eigner Ivano Beggio grünes Licht für die Entwicklung einer Serienversion der Griso. Als Beggio das Geld ausging und im September 2004 Piaggio das Ruder übernahm, führten die neuen Eigner den Plan zu Ende. Glücklicherweise wurde das eigenständige Design der Studie – inklusive der markanten Auspuffanlage – kaum verändert. Jedoch ersetzte der robuste 1064-ccm-Zweiventilmotor mit 89 PS den ursprünglich angedachten Daytona-V2. Als preiswerter Einstieg in die Griso-Welt diente eine Version mit 877 ccm und ohne Ölkühler.

Im Jahr 2007, zwei Jahre nach Verkaufsstart, stellte Moto Guzzi das Spitzenmodell der Baureihe vor – die Griso 8V. Durch einen verlängerten Hub stieg der Hubraum auf 1151 ccm, Vierventilzylinderköpfe ließen die Leistung auf füllige 110 PS ansteigen. Im Reigen nackter Macho-Bikes hatte die Griso nun ein kräftiges Wort mitzureden. Der ohnehin schon auffällige 2-in-2-Auspuff wurde durch einen Doppelrohr-Querschnitt abermals spektakulärer. Zum Modelljahr 2009 bot Moto Guzzi eine »Special Edition« der Griso 8V mit Mattlack und klassischen Speichenrädern an. So oder so: Die puristische Griso war die böseste Guzzi der Neuzeit – sportlich, muskulös und einfach nur schön.

Kraftvoll, charakterstark und zuverlässig: Als 1100er teilte sich die Griso den Zweiventilmotor mit der Breva.

GRISO

17_ Dauerbrenner V7

Bestseller im Retrodesign

Auf der Mailänder EICMA im November 2007 überraschte Moto Guzzi mit einer Neuentwicklung im Klassik-Look. Mit Speichenrädern und optisch an die V7 Sport von 1972 angelehnter Tank-Sitzbank-Kombination entsprach die V7 Special den Wünschen unzähliger Moto-Guzzi-Freunde nach einem traditionellen Naked Bike. Technisch basierte sie auf der kleinen, unter Leitung von Lino Tonti entwickelten V2-Modellreihe, die als V35/V50 bereits 1977 das Licht der Welt erblickt hatte. Sowohl der Rahmen mit im Getriebegehäuse gelagerter Hinterradschwinge als auch der Motor mit parallel stehenden Ventilen orientierten sich an der Siebziger-Jahre-Konstruktion. Dank Hubraumerweiterung, Weber-Marelli-Einspritzanlage und jahrelanger Detailarbeit überzeugte die neue V7 mit ausgewogenen Talenten und unvergleichlichem Charme und galt bald als einer der Urheber der Retrowelle.

Für das Modelljahr 2009 konnte die neue 750er als V7 Special und V7 Café Classic mit flacherem Lenker und Höckersitzbank geordert werden. 2011 gesellte sich die von Miguel Galluzzi gestaltete Racer hinzu, die mit typischen Cafe-Racer-Details glänzte. Bereits ein Jahr später erhielt die komplette Baureihe ein Upgrade – mit neuer Einspritzanlage und Stahl- statt Kunststofftank. Von nun an hatten Käufer zudem die Wahl zwischen dem Grundmodell V7 Stone mit Gussrädern, der klassischen V7 Special und der Racer. Ab Oktober 2015 trug die V7 dann die Ziffer II im Namen. Damit verbunden erhielt sie ein Zweikanal-ABS samt Traktionskontrolle und ein exakt schaltendes Sechsgang-Getriebe.

Die V7-Range von 2012 vor dem legendären roten Werkstor: V7 Stone (links), V7 Special (Mitte) und V7 Racer (rechts). Ab 2021 verfügen die V7-Modelle über 850 ccm (oben).

Die nächste Evolutionsstufe erreichte die 750er im Jahr 2017. In ihrer dritten Auflage fielen die Änderungen tiefgreifend aus. V-förmige Ventile ersetzten nun die Heron-Brennräume, eine Anpassung an strengere Abgasbestimmungen machte die V7 III fit für die Zukunft. Diverse Sondermodelle – etwa Rough, Milano und Carbon (2018), Night Pack (2019) oder Racer Anniversario (2020) – weckten Begehrlichkeiten bei unterschiedlichen Fahrernaturen. Und für das Modelljahr 2021 machte der neue 850-ccm-Motor einen Leistungssprung von 52 auf 65 PS. Bei aller Modellpflege wurde der Charakter der V7-Modelle nie verwässert. Nach wie vor ist die 750er ein Geheimtipp in der Mittelklasse, eine veritable Alternative zu japanischer Einheitsware, einfach ein Bike fürs Herz.

MOTO GUZZI

MOTO GUZZI
V7 III CARBON
brembo

— Diverse Sondermodelle der V7 erfüllen die unterschiedlichsten Kundenwünsche. Die V7 III Carbon war konsequent in Schwarz gehalten.

18 California 1400

Die siebte Generation der California-Baureihe

Ende 2012 schlug die Moto Guzzi California 1400 Touring ein neues Kapitel im hauseigenen Buch der Geschichte auf. Damit führten die Italiener die bislang sehr erfolgreiche Tradition fort, ein Universaltalent für Reise, Laufsteg und dynamische Einsätze im Programm zu haben. Angetrieben wurde die neue California von einem 90-Grad-V-Zweizylinder, noch immer basierend auf dem seligen V7-Aggregat der Sechzigerjahre, und eine Evolution des Quattrovalvole aus den Modellen Griso, Norge oder Stelvio. Der neue luft-/ölgekühlte Big Block verfügte über je eine beim Zylinderkopf liegende Nockenwelle und wies einen Kolbenhub von 81,2 Millimetern auf. Dank einer gewaltigen Bohrung von 104 Millimetern ergab sich ein Hubraum von 1380 ccm – Moto Guzzi fertigte den größten V-Zweizylinder Europas. Mit 96 PS und einem maximalen Drehmoment von 120 Nm stand das mächtige Aggregat gut im Futter. Zur Reduzierung von Vibrationen hing es zudem elastisch im neu konstruierten Doppelschleifenrahmen.

Designer Miguel Galluzzi modellierte eine Tankskulptur, die mit innovativem Design überraschte und gleichzeitig Anleihen aus der Markenhistorie in sich trug. Ein außergewöhnlich gestylter Polygon-Scheinwerfer sowie eine Rücklicht-Kathedrale ließen die California 1400 klassisch und modern zugleich erscheinen. Eine ausladende Scheibe, Trittbretter, Zusatzscheinwerfer, Packtaschen und Handyanbindung zählten zur Serienausstattung.

Drei Monate nach der Premiere der Touring präsentierte Moto Guzzi mit der California 1400 Custom einen muskulösen Power-Cruiser. Die Custom ähnelte der Touring, verzichtete jedoch auf jegliches Reisezubehör. Die mögliche Vielfalt der 1400er-Plattform demonstrierte das Entwicklungsteam 2015 mit der California Touring SE, einem luxuriösen Ableger mit Rückenlehne, Windabweisern sowie zweifarbiger Metallic-Lackierung. Bald darauf erschienen zwei weitere Derivate: Audace und Eldorado. Beide setzten auf das Grundlayout der California 1400. Als radikales Musclebike ersetzte die Audace die California Custom, während die Eldorado als Retrobike konzipiert wurde und das Design der gleichnamigen US-Tourenmaschine der Siebzigerjahre aufgriff. 2020 endete die Produktion der 1400er.

Als erstes Modell der neu entwickelten 1400er-Baureihe erschien 2012 die California 1400 Touring – hier bei der Pressepräsentation im französischen Cannes.

19__ V85 TT

Reiseenduro für das mittlere Hubraumsegment

Der Trend bei den Reiseenduros der 2010er Jahre war eindeutig: Fast alle Adventurebikes am Markt setzten auf riesige Ausmaße, mindestens 1,1 Liter große Motoren und eine hochkomplexe Ausstattung. Attraktive Angebote für alle, denen das »Größer, stärker, teurer« nicht zusagte, gab es kaum. Im Segment der Reiseenduro-Mittelklasse sah Moto Guzzi eine Chance und präsentierte mit der V85 TT eine vollständige Neuentwicklung. Der erstmals Ende 2017 auf der EICMA in Mailand gezeigte Prototyp überraschte mit attraktivem Rallye-Design im Stil der 1980er Jahre. Der Motor schien dem Straßenmodell V9 entnommen zu sein, war aber eine komplette Neukonstruktion. Aus 853 ccm leistete der 90°-V2 ausreichende 80 PS, der obligatorische Kardanantrieb verlieh dem Allrounder die nötige Alltagstauglichkeit. Der ebenfalls neue Gitterrohrrahmen, der den Motor als tragendes Element mit einbezog, war der Startschuss für eine zukünftige Mittelklasse-Plattform. Ausgestattet mit drei Fahrmodi, Traktionskontrolle und ABS bot die 850er auch Freunden moderner Regelelektronik ausreichende Argumente. Zudem ermöglichte ein umfangreiches Zubehörprogramm die individuelle Gestaltung der persönlichen (Reise-)Maschine.

Das »TT« im Modellnamen steht für »tutto terreno« (jedes Gelände). Folglich wurde der V85 TT eine gehörige Portion Geländetauglichkeit mit auf den Weg gegeben. Wenig überraschend setzte sich die Midsize-Enduro an die Spitze der Verkäufe innerhalb der Moto-Guzzi-Palette. In den ersten Monaten nach der Markteinführung mussten Kunden lange Wartezeiten in Kauf nehmen. Und wann hatte es das letzte Mal Sonderschichten im Werk in Mandello del Lario gegeben? Offensichtlich hatten die Produktplaner einen feinen Riecher für den Markt. So wurde die TT nicht nur Moto Guzzis souveräne Rückkehr ins Adventure-Segment, sondern auch ein wichtiger Meilenstein zum Fortbestand des Herstellers vom Comer See.

__ Volltreffer: Auch mit weniger als 150 PS und 260 Kilo Leergewicht wird die Moto Guzzi V85 TT zum ausgewogenen Adventure Bike.

V85TT
MOTO GUZZI

Stanley Woods bescherte Moto Guzzi die vielleicht wichtigsten Siege der Vorkriegsära. Carlo Guzzi (links) und Giorgio Parodi (rechts) gratulieren dem Briten zum Sieg der Lightweight TT auf der Isle of Man.

PERSONEN

2

20 Carlo Guzzi

Gründervater, Visionär und begnadeter Techniker

Carlo Guzzi ist nicht nur der Namenspatron der Motorradmarke aus Mandello del Lario, er beeinflusste als talentierter Konstrukteur auch maßgeblich die Produkte von Moto Guzzi. Der 1888 geborene Guzzi stammte aus einer Mailänder Familie, die in dem kleinen Ort Mandello del Lario am Comer See ein Haus besaß. Gemeinsam mit seinen Geschwistern verbrachte er viel Zeit in der 70 Kilometer nördlich von Mailand gelegenen Gemeinde. Regelmäßig besuchte Carlo den Motorenschlosser von Mandello, Giorgio Ripamonti, in seiner Werkstatt und ließ sich ins Metallhandwerk einweisen. Als 1914 der Erste Weltkrieg ausbrach, wurde Carlo zur Luftwaffe, der Aeronautica Militare, eingezogen. Dort wartete er Flugzeuge und lernte die beiden Piloten Giovanni Ravelli und Giorgio Parodi kennen. Ravelli galt als schneller Motorradrennfahrer, und auch Parodi und Guzzi waren fasziniert von motorisierten Zweirädern. Doch Carlo Guzzi störte sich an den immensen konstruktiven Schwächen der zeitgenössischen Motorräder.

Also beschlossen die drei, nach dem Krieg eine eigene Motorradfertigung aufzuziehen. Guzzi sollte die Technik entwerfen, der aus einer Reederfamilie stammende Parodi das nötige Kapital bereitstellen und Ravelli auf den Rennstrecken Siege einfahren. Doch Ravelli verunglückte wenige Tage nach Kriegsende mit seinem Flugzeug tödlich. Carlo Guzzi und Giorgio Parodi mussten ihre Idee alleine in die Tat umsetzen. Parodi organisierte 2000 Lire Startgeld von seinem vermögenden Vater, Guzzi begann im Keller seines Elternhauses und später bei Giorgio Ripamonti mit der Konstruktion des ersten Prototyps. Mitte 1920 stand die vielversprechende G.P. (für Guzzi-Parodi) auf ihren eigenen Rädern – eine hochmoderne Konstruktion. Basierend auf diesen Erfahrungen gründeten die beiden am 15. März 1921 die Aktiengesellschaft Moto Guzzi.

Firmengründer Carlo Guzzi galt als gelassen, mit Wortwitz gesegnet und als begnadeter Konstrukteur.

Carlo Guzzi konstruierte nicht nur die Serien- und Rennmotorräder der neuen Marke, er fuhr gelegentlich auch selbst Rennen. 1924 gewann er das Rundstreckenrennen auf dem Circuito di Cremona. Der begnadete Techniker kümmerte sich um viele Bereiche der Konstruktion, mischte sich regelmäßig ein und war täglich in allen Abteilungen auf dem weitläufigen Werksgelände unterwegs. Mit den Modellen Zigolo und Lodola lieferte Guzzi 1955 seine letzten eigenen Entwürfe ab. Anfang der 1960er Jahre wurde er krank, schleppte sich aber dennoch täglich in die Fabrik. Nach einem kurzen Krankenhausaufenthalt in Davos starb Carlo Guzzi am 3. November 1964 im Alter von 76 Jahren.

21 Giorgio Parodi

Flieger, Aristokrat und Geschäftsmann

Genua zählte Ende des 19. Jahrhunderts zu den wichtigsten Seehäfen und konnte seine Rolle als bedeutendes Schiffbauzentrum kontinuierlich ausbauen. Emanuele Vittorio Parodi war einer der erfolgreichen Genueser Reeder, der es in der ligurischen Hafenstadt zu Ruhm und Geld gebracht hatte. 1897 wurde sein Sohn Giorgio geboren, der in einem wohlhabenden Unternehmerumfeld aufwuchs. Schon bald begeisterte er sich für schnelle Motorräder, deren Beherrschung zu jener Zeit viel Können und Mut voraussetzte. Als der Erste Weltkrieg ausbrach, meldete sich Giorgio Parodi freiwillig zur Marine, später dann wechselte er zur Regia Aeronautica, der Luftwaffe. Während des Militärdienstes freundete er sich mit dem wagemutigen Piloten Giovanni Ravelli und dem Motorentechniker Carlo Guzzi an. Die drei beschlossen, nach dem Krieg eine eigene Motorradfertigung aufzunehmen. Parodi stellte in Aussicht, das nötige Startkapital von seiner Familie zu organisieren.

Während Carlo Guzzi die Entwicklung des Serienmotorrads vorantrieb, überredete Giorgio seinen Vater, eine Finanzspritze bereitzustellen. Parodi Senior investierte für einen ersten Versuch 2000 Lire. Sollte das Projekt vielversprechend sein, kündigte er weitere Gelder an, »ohne Limitierung nach oben«. Der dritte Partner Giovanni Ravelli indes, der unter dem Spitznamen »der italienische Teufel« gefürchtet war, stürzte am 11. August 1919 auf seiner Rückkehr von einem Testflug auf dem Flugplatz San Nicoletto ab. Er konnte nur noch tot aus dem Flugzeugwrack geborgen werden. Giorgio Parodi und Carlo Guzzi mussten ihren Plan von nun an alleine umsetzen. Parodis Vater überzeugte sich von den Fortschritten und stellte die notwendigen Finanzen zur Verfügung. Im März 1921 wurde die »Società Anonima Moto Guzzi« mit Sitz in Mandello del Lario gegründet. Zum Gedenken an Giovanni Ravelli wählten Parodi und Guzzi den Adler als Logo.

Mit großem Engagement widmete sich Parodi fortan dem Rennsport. Er organisierte die Motorsportaktivitäten und begleitete das Rennteam zu vielen Veranstaltungen. Um anonym zu bleiben, wählte er für seine Rennstreckenbesuche ein Pseudonym, »Lattuga« (Kopfsalat) – was in den 1930er Jahren viele Fahrer aus aristokratischen Familien taten. Auch im Zweiten Weltkrieg diente Parodi bei der Luftwaffe. Er wurde mit sechs Tapferkeitsmedaillen ausgezeichnet und kehrte nach dem Krieg verwundet nach Mandello zurück, um die Motorradfertigung in der von Bombenangriffen verschont gebliebenen Fabrik wieder in Schwung zu bringen. Sein Geschäftssinn führte die Marke erneut zum Erfolg. Am 18. August 1955 starb Giorgio Parodi in Genua. Nachdem 1964 auch Carlo Guzzi verstorben war, übernahm Giorgios Bruder Enrico die Leitung von Moto Guzzi.

Mit ausgeprägtem Geschäftssinn führte Giorgio Parodi die Marke Moto Guzzi durch so manche Krise. Sein Herz hing am Rennsport.

22 Giulio Cesare Carcano

Ein Glücksfall für Moto Guzzi

Giulio Cesare Carcano wurde 1910 in Mailand geboren. Er absolvierte das Gymnasium, schloss 1934 sein Studium am Politecnico ab und wurde nach dem Militärdienst als Ingenieur bei Moto Guzzi angestellt. Schon bald begann er damit, Rennmotorräder wie Condor, Dondolino oder Gambalunga zu entwickeln. 1951 übertrug ihm Carlo Guzzi, dessen Vertrauen Carcano genoss, die Konstruktion von Rennmotorrädern und die volle Verantwortung für die Leitung der Rennabteilung. Gemeinsam mit Enrico Cantoni und Umberto Todero kreierte er unkonventionelle, leichte und schnelle Rennmotorräder, deren Aerodynamik im hauseigenen, von ihm initiierten Windkanal optimiert wurde. Seine Konstruktionen sorgten für unzählige Siege auf internationalen Rennstrecken, sie machten den italienischen Motorsport groß und Moto Guzzi zu einer der erfolgreichsten Marken. Giulio Cesare Carcano begleitete die Rennfahrer zu den Strecken und wurde überall respektiert, manchmal gar vergöttert. Mit aufrechtem Gang, dichtem Haar, offenem Hemdkragen und lässiger Lederjacke verkörperte er den stattlichen, aber nahbaren Ingenieur.

Er war auch einer der Väter der legendären Otto Cilindri, die mit ihrem Achtzylindermotor die Konkurrenz in Grund und Boden fahren sollte. Doch 1957 beschloss Moto Guzzi den Ausstieg aus dem Grand-Prix-Rennsport. Für Carcano war dies – trotz der Ernennung zum Technischen Direktor – ein harter Schlag, musste er sich doch von nun an mit Alltagskonstruktionen abgeben. Er tüftelte ab 1958 an einem V2-Motor für den Fiat 500 und leitete federführend die Entwicklung der V7 700. Nachdem der neue Moto-Guzzi-Eigentümer SEIMM sämtliche Mitarbeiter entlassen hatte und mit neuen Arbeitsverträgen wieder anstellen wollte, verließ Carcano 1966 das Unternehmen im Groll.

Von nun an widmete er sich seiner zweiten Leidenschaft, den Segelbooten. Er eröffnete ein eigenes Studio und entwarf Regatta-Segler. Seine Boote unterschieden sich von den anderen durch die charakteristische V-Form des Bugs. Er revolutionierte zudem das Wettkampfrudern und steuerte seine Konstruktionen oft auch selbst. Am 14. September 2005, mit 95 Jahren, starb Giulio Cesare Carcano – ein großer Konstrukteur, ein Architekt des »Goldenen Grand-Prix-Zeitalters« und ein Glücksfall für Moto Guzzi.

Bis 1957 war Giulio Cesare Carcano Technischer Leiter der Rennabteilung, anschließend zeichnete er für Alltagskonstruktionen wie Stornello oder V7 700 verantwortlich.

23 Enrico Cantoni

Konstrukteur, Rennmechaniker und Angehöriger der »genialen Drei«

Als einer der drei großen Ingenieure von Moto Guzzi hat Enrico Cantoni von 1940 bis 1966 für die Marke in Mandello del Lario gearbeitet – vor allem in der Entwicklungsabteilung. Mit 14 Jahren begann er als Angestellter im Ersatzteillager und schloss nebenbei sein Maschinenbau-Studium ab. Carlo Guzzi versetzte ihn bald in das Konstruktionsbüro unter der Leitung von Giulio Cesare Carcano und an die Seite von Umberto Todero. Die »genialen Drei« hatten sich formiert. Unter deren Regie entstanden Guzzino, Lodola oder Stornello, aber auch die berühmten und erfolgreichen Rennmaschinen der 1950er Jahre, etwa Gambalunga oder Bialbero.

Für die Außenwirkung galten Renneinsätze als unverzichtbar. Und Cantoni machte sich insbesondere mit cleveren Motorentwicklungen für die Rennabteilung einen Namen und trug damit maßgeblich zum Erfolg der Moto-Guzzi-Rennmotorräder bei. Carcano, Todero und Cantoni schufen 1955 ein sensationelles Achtzylinder-Grand Prix-Motorrad, die Otto Cilindri. Vor allem das Kurbelgehäuse und die Kurbelwelle der einzigartigen Konstruktion hatte Cantoni zu verantworten.

Nachdem Moto Guzzi den Rückzug von allen Rennaktivitäten verkündet hatte und die Rennabteilung geschlossen wurde, beschäftigte sich Cantoni mit der Konstruktion von Straßenmotorrädern. Auch bei der Ausarbeitung eines V2-Motors als Prototyp für den Fiat 500 war er tatkräftig beteiligt. Mitte der 1960er Jahre befand sich Moto Guzzi in finanziellen Schwierigkeiten. Der neue Eigner SEIMM kündigte sämtliche Arbeitsverträge, und Cantoni verließ die Firma gemeinsam mit Carcano. Damals beschloss er, den Boden des Werkes nie wieder zu betreten. Doch viele Jahre später brach er seinen Schwur und fand Frieden mit der alten Geschichte. Schließlich zählt er zu den »genialen Drei«, den berühmten Konstrukteuren der Marke mit dem Adler.

Wenn Enrico Cantoni die Moto-Guzzi-Fabrik in Mandello betritt, führt ihn sein Weg fast immer umgehend ins Werksmuseum zur Otto Cilindri, an deren Entwicklung der Konstrukteur beteiligt war.

24__ Umberto Todero

66 Jahre im Dienst von Moto Guzzi

Es war finster in Mandello, lediglich die Fenster einiger Wohnhäuser leuchteten schwach. In der Moto-Guzzi-Fabrik an der Via Parodi arbeitete im Winter 2004 um diese Uhrzeit nur noch der Wachmann. Und Umberto Todero, der trotz seines hohen Alters von 81 Jahren noch immer täglich sein Konstruktionsbüro aufsuchte – und dort oft genug bis in die Abendstunden blieb. Bis zu seinem Tod am 2. März 2005 war er an allen Konstruktionen der Marke beteiligt. Der begnadete Techniker war 66 Jahre lang bei Moto Guzzi beschäftigt, er behielt stets den Überblick und kannte nicht nur den Guzzi-typischen V2-Motor in allen Details. Regelmäßig kamen jüngere Kollegen an Toderos Schreibtisch, um ihn mit technischen Fragen zu löchern. Und immer wieder fand er Antworten, um die Motorräder zu verbessern.

Nach dem Schulabschluss im Friaul zog es Todero zur Fiat-Niederlassung nach Lecco. Von dort aus stellte er sich bei Moto Guzzi vor und erhielt prompt am 6. März 1939 seinen Arbeitsvertrag. Todero startete mit technischen Arbeiten an der Militärmaschine Alce, an Dreirädern und Stationärmotoren. Er stieg rasch auf in die Entwicklungsabteilung und arbeitete ab 1948 unter Giulio Cesare Carcano als Rennmechaniker an den siegreichen Einzylinder-Grand-Prix-Motorrädern – für Fahrer wie Fergus Anderson, Bill Lomas oder Keith Campbell. 1951 wurde er Leiter der Rennabteilung, in der er an der Entstehung von Modellen wie der Bialbero oder der Otto Cilindri beteiligt war. Nach Beendigung der Rennaktivitäten entwickelte er Straßenmotorräder wie Stornello oder V7. In den folgenden Jahren optimierte er die V2-Modelle kontinuierlich, unterhielt Verbindungen mit den Büros des Verkehrsministeriums und kooperierte mit Dr. John Wittner oder Giuseppe Ghezzi. Mit 67 Jahren konstruierte er den Vierventil-V2 für die Daytona und saß auch nach Eintritt ins Rentenalter noch immer an seinen geliebten Zeichengeräten im Moto-Guzzi-Werk. Erst eine schwere Krankheit konnte ihn von der Arbeit abhalten. Toderos Sohn Giuseppe trägt die Leidenschaft seines verstorbenen Vaters übrigens weiter: Er ist stolzer Besitzer einer der wenigen Otto Cilindri.

___ Vor allem Motoren hatten es Umberto Todero angetan: Vom kleinen Einzylinder-Zweitakter über Flugzeugtriebwerke bis zum Renn-V8 konstruierte der Techniker sämtliche Aggregate.

25 Lino Tonti

Der Fahrwerksspezialist

Mit seinen Konstrukteuren hatte Moto Guzzi lange Zeit ein glückliches Händchen. Auch Lino Tonti, der bereits vor seiner Anstellung in Mandello einige bemerkenswerte Konstruktionen geschaffen hatte, zählte eindeutig zu den begabten und passionierten Technikern. Tonti, der 1937 sein Studium als Luftfahrtingenieur beendete, startete bei Benelli und assistierte bei der Konzeption der 250/4-Rennmaschine mit Kompressor. Er entwarf diverse Motorräder und Roller und wechselte nach dem Zweiten Weltkrieg zu Aermacchi, 1956 dann zu FB Mondial. 1957 beendete nicht nur Moto Guzzi, sondern auch FB Mondial sämtliche Rennaktivitäten. Tonti und Joseph Pattoni beschlossen, die Rennabteilung unter dem Namen Paton weiterzuführen. Darüber hinaus arbeitete er für Bianchi. 1967 fertigte er zudem gemeinsam mit Alcide Biotti einen Production-Racer für die 500er GP-Klasse namens Linto auf Basis von zwei zu einem Paralleltwin kombinierten Aermacchi-250-Einzylindermotoren.

1967 trat Lino Tonti die Nachfolge von Giulio Cesare Carcano an und wurde zum Technischen Direktor bei Moto Guzzi ernannt. Er initiierte 1969 zwei V7-Record-Prototypen, mit denen in Monza 19 Geschwindigkeitsrekorde aufgestellt wurden. Tonti, den vor allem sportliche Motorräder faszinierten, schuf daraufhin die V7 Sport, ein Sportmodell auf Basis des V7-Tourers. Da im Werk in Mandello gerade gestreikt wurde, schweißte der Fahrwerksspezialist den dafür vorgesehenen Rahmen kurzerhand in seiner eigenen Werkstatt in Varese zusammen. Die V7 Sport wurde zum Meilenstein, ihr Fahrverhalten übertraf das nahezu aller Mitbewerber. Der von ihm konstruierte, flache und aus vornehmlich geraden Rohren bestehende »Tonti-Rahmen« drückte allen Moto-Guzzi-Modellen bis in die 1990er Jahre seinen Stempel auf. Aber auch für die kleinen Moto Guzzis der 1970er Jahre, V35 und V50, zeichnete der vielseitige Techniker verantwortlich, deren parallel stehende Ventile samt Heron-Zylinderköpfen er aus Kosten- und Effizienzgründen wählte. Tonti starb am 8. Juni 2002 im Alter von 81 Jahren.

Ingenieur Lino Tonti (im grauen Anzug) posiert mit den Rennfahrern für die Rekordfahrten 1969 auf dem Hochgeschwindigkeitsoval in Monza.

26 Alessandro de Tomaso

Moto Guzzi als Teil eines mächtigen Imperiums

Seit 1972 gehörte Moto Guzzi zum breit aufgestellten Konzern des ehemaligen Formel-1-Rennfahrers Alessandro de Tomaso. Neben der Sportwagenproduktion unter eigenem Namen hatte der gebürtige Argentinier die Karosseriebauer Ghia und Vignale, den traditionsreichen Autohersteller Maserati, das Autowerk Innocenti und seit 1971 auch die Motorradmarke Benelli gekauft. De Tomaso kooperierte mit Ford in den USA und forcierte internationale Vertriebswege. Mit großem Ehrgeiz, weit gesteckten Zielen und einer gewissen Rücksichtslosigkeit hatte er sich vom Gelegenheitsarbeiter in Buenos Aires zu einem der großen Industriellen in Italien hochgearbeitet.

Als er die Moto-Guzzi-Fabrikation in Mandello übernahm, war de Tomaso 44 Jahre alt. Sofort plante er eine gewaltige Umstrukturierung. Um die Erfolge der japanischen Motorradhersteller zu bremsen, vereinheitlichte er die Modellpaletten von Benelli und Moto Guzzi. Manche Typen unterschieden sich nur noch durch den Tankaufkleber voneinander. Benelli-Motoren wurden in Mandello gebaut, komplette Guzzis kamen aus dem Benelli-Werk in Pesaro. Eine Verwässerung des markentypischen Charakters nahm der Kämpfer für eine erfolgreiche italienische Motorradnation in Kauf. Als schillernde Persönlichkeit legte de Tomaso großen Wert auf Design. Er knüpfte Verbindungen zu den Automobildesignern seines Imperiums. Die Techniker in Mandello mussten Stilisten wie Paolo Martin oder Marcello Gandini, den Chefdesigner von Bertone, in die Konzeption neuer Motorräder einbinden.

Bei Moto Guzzi wehte schlagartig ein anderer Wind, die Angestellten erwarteten tiefe Einschnitte. Und auch de Tomaso selbst gönnte sich keine Ruhe, raste ständig zwischen Mandello und Modena hin und her, manchmal mitten in der Nacht. Der Argentinier galt als knallharter Geschäftsmann, handelte doch stets auch als leidenschaftlicher Fahrzeugnarr. Als sein Imperium in den 1980er Jahren zunehmend in finanzielle Schieflage geriet, verkaufte er zuerst Innocenti und Maserati an Fiat. Die Motorradmarken versuchte er zu halten. Doch 1993 erlitt der rastlose Unternehmer einen schweren Schlaganfall, er war nun auf einen Rollstuhl angewiesen. Sein Sohn Santiago de Tomaso übernahm die Leitung des Unternehmens. Im Mai 2003 verstarb Alessandro de Tomaso in Modena.

Anfang der 1970er Jahre gliederte Alessandro de Tomaso als neuer Moto-Guzzi-Eigner die Marke in ein umfangreiches Firmenkonstrukt ein.

27 Ivano Beggio

Große Ziele – kleines Budget

Santiago de Tomaso, Sohn des verstorbenen Patriarchen Alessandro de Tomaso, setzte 1993 Arnoldo Sacchi von der Investmentbank Finprogetti als Direktor von Moto Guzzi ein. Wegen anhaltend niedriger Verkaufszahlen agierte Sacchi vor allem als Krisenmanager und organisierte die Sanierung der Marke. 1996 wurden die Reste von de Tomasos Firmengruppe in die Tridant Rowan Group umgewandelt, als deren Geschäftsführer Mark Hauser agierte. Neue Investoren erwarben große Aktienpakete, sie setzten zunächst Oscar Cecchinato von Aprilia, kurze Zeit später Mario Tozzi-Condivi als Direktoren ein. Mit Mario Scandellari folgte 1999 der vierte Direktor in vier Jahren. Zahlreiche Motorradhersteller und branchenfremde Anleger interessierten sich derweil für die Übernahme des Werks. Denn noch immer hatte der Name Moto Guzzi einen guten Klang.

Am 19. April 2000 erhielt Ivano Beggio den Zuschlag, ein Industrieller mit Herz. Als glühender Motorradenthusiast, der seit 1968 erfolgreich sein Unternehmen Aprilia führte, der Kooperationen mit Unternehmen wie BMW einfädelte und Rennfahrer wie Max Biaggi oder Valentino Rossi unter Vertrag hatte, schien der 1944 geborene Venezianer der richtige Mann für eine erfolgreiche Zukunft von Moto Guzzi zu sein. Zumal alle Vorteile der Aprilia-Entwicklungsabteilung, die als eine der modernsten der Welt galt, genutzt werden konnten. So legte Beggio – anders als seine Vorgänger – keinen Wert auf Gewinnmaximierung um jeden Preis, sondern er setzte auf Investitionen ins Werk und die Weiterentwicklung der Modelle. Unter seiner Regie wurden das Museum renoviert, neue Fertigungsanlagen in Betrieb genommen und die Qualität signifikant verbessert. Zeitgleich schob er die Entwicklung zukünftiger Techniken an, etwa Zwei-, Drei-, Vierzylinder- und V6-Projekte mit Wasserkühlung.

Doch Ivano Beggio hatte sich übernommen. Der kreditfinanzierte Kauf von Moto Guzzi, das kostspielige Moto-GP-Engagement und der Zusammenbruch des italienischen Roller-Marktes führten zu massiven Finanzproblemen. Auf Druck der Banken stieg 2004 der Rollergigant Piaggio bei Aprilia und Moto Guzzi ein. Die Marken gehörten fortan zum Investmentreich von Piaggio-Chef Roberto Colaninno, einem der umtriebigsten Investoren im Land. Beggio zog sich ins Privatleben zurück und verstarb am 13. März 2018 im Alter von 73 Jahren.

Mit viel Herzblut ging Aprilia-Besitzer Ivano Beggio die Modernisierung von Modellpalette und Fertigungseinrichtungen in Mandello an – bis ihm nur vier Jahre später das Geld ausging.

28 Roberto Colaninno

Der Rollergigant Piaggio kauft Moto Guzzi

Er ist ein erfolgreicher Manager, ein Finanzjongleur, ein Selfmade-Milliardär, und er zählt zu den einflussreichsten Italienern. Nur eines ist Roberto Colaninno gewiss nicht: ein begeisterter Motorradverrückter. Der heutige Präsident der Piaggio Group hat in seiner Managerkarriere schon so manchen Konzern aufgekauft, saniert, wieder abgestoßen oder sich lukrative Teile der verschachtelten Konstrukte zunutze gemacht. Begonnen hatte alles 1967 beim Autoteilehersteller FIAMM, anschließend gründete er als direkte Konkurrenz die Firma Sogefi. Als CEO des Olivetti-Konzerns organisierte er 1996 die Veräußerung an konkurrierende Telekommunikationsunternehmen. Doch Colaninno wollte mehr. Er organisierte den größten bis zu diesem Zeitpunkt in Italien je gewagten Übernahmeversuch, den Kauf der Telecom Italia, und veräußerte seine milliardenschweren Beteiligungen an den Pirelli-Konzern. Anschließend gründete er eine Beteiligungsgesellschaft, wurde Verwaltungsratsmitglied zweier Banken, erwarb eine Immobilienfirma und im Oktober 2003 außerdem die Piaggio-Gruppe, den Hersteller der legendären Vespa. 2004 übernahm Piaggio Aprilia. Damit gehörte Moto Guzzi zum Investmentkonstrukt von Roberto Colaninno.

Für Sentimentalitäten wie das veraltete Moto-Guzzi-Werk oder den abseits gelegenen Standort Mandello zeigte der verschwiegene Manager wenig Verständnis. Zunächst stoppten die auf Basis von Bilanzen agierenden Piaggio-Funktionäre umgehend die unter Ivano Beggio entworfenen Motorradprojekte. Umgehend organisierte Colaninno Fördermittel und nutzte außerdem Synergien unter den einzelnen Bereichen des Konzerns. Die Moto-Guzzi-Entwicklungsabteilung wanderte zu Aprilia nach Noale, die Marketingabteilung zog nach Mailand, Gussteile entstanden bei Piaggio in Pontedera, das Design in den USA – viele Hallen und ehemalige Konstruktionsbüros im Stammwerk standen plötzlich leer. Moto Guzzi wandelte sich mehr und mehr zum reinen Montagewerk. So blieb die Marke nicht nur in italienischen Händen, auch die Zulieferer rekrutierten sich weiterhin konsequent aus Europa. Und vielleicht gelingt es dem Sanierer Roberto Colaninno ja, Moto Guzzi zurück auf die Siegerstraße zu fahren.

Der Piaggio-Chef übernimmt: Roberto Colaninno gilt als cleverer Manager und italienischer Patriot.

PIAGGIO
GROUP

— Die eigentlichen Helden der Moto-Guzzi-Geschichte sind die unzähligen Mechaniker, Ingenieure, Dreher, Konstrukteure, Lackierer, Fließbandarbeiter, Testfahrer, Mechatroniker, CNC-Spezialisten, Linierer etc. der vergangenen 100 Jahre.

MOTO GUZZ

Doppelsieg: Gianfranco Guareschi nahm mit der MGS-01 Corsa 2006 erfolgreich an den Battle of the Twins im US-amerikanischen Daytona teil.

RACING

MOTO GUZZI
88

29 Von der C2V zur Bicilindrica

In den 1920er und 1930er Jahren auf der Rundstrecke

Bereits in den frühen 1920er Jahren war man sich bei Moto Guzzi sicher, dass Rennerfolge gut für die Verkäufe von Serienmotorrädern sind. Der erste Renneinsatz fand 1921 ohne nennenswerten Erfolg auf der Fernfahrt Milano-Napoli statt. Folglich entwickelten die Techniker in Mandello parallel zur Serienproduktion spezielle Rennmotorräder. Auf die C2V von 1923 folgte 1924 die vierventilige C4V. Nach 4VTT und 4VSS erschienen 1926 die ersten 250er Rennmaschinen. Anfang der 1930er Jahre gewann Moto Guzzi die Straßenrennen der 250er-Klasse nach Lust und Laune. In der Halbliterklasse jedoch waren weder die Einzylinder noch die »Quattro Cilindri«-Vierzylinder wirklich konkurrenzfähig. Um Anschluss an Norton, Gilera und Co. zu erhalten, testete die Rennabteilung ein außergewöhnliches Motorkonzept: die Koppelung von zwei der erfolgreichen TT-250-Motoren zu einem V-Motor mit 500 ccm. Dabei lag der vordere Zylinder nahezu waagerecht hinter dem Vorderrad, der zweite Zylinder hingegen stand aufrecht im großen Winkel von 120 Grad – was dem Triebwerk den Spitznamen »Weitwinkel-V2« einbrachte.

Die mit diesem kuriosen Motor bestückte Grand-Prix-Maschine trug die Bezeichnung Bicilindrica und trat ihren furiosen Siegeszug 1933 an. Bereits ein Jahr später räumte sie in der 500er-Klasse regelrecht ab, gewann den Großen Preis der Nationen und den Raid Nord Sud drei Jahre in Folge. 1935 brach Moto Guzzi gar die unerschütterlich erscheinende Siegesserie der Engländer bei der Tourist Trophy auf der Isle of Man. Stanley Woods erreichte auf seiner Bicilindrica als Erster die Ziellinie in Ramsey.

Nach einer durch den Zweiten Weltkrieg bedingten Pause startete die Bicilindrica in den späten 1940er Jahren erneut durch. Das erfolgreiche Grand-Prix-Motorrad wurde erstaunliche 18 Jahre lang, bis 1951, eingesetzt, stets sorgsam verbessert und war am Ende bis zu 47 PS stark. Damit hatte die Bicilindrica Rennsportgeschichte geschrieben. Erst die sagenhafte Otto Cilindri konnte dem Weitwinkel-Racer das Wasser reichen.

Der Brite Stanley Woods bescherte Moto Guzzi die vielleicht wichtigsten Siege der Vorkriegsära. Auf der Isle of Man gewann er 1935 sowohl die Lightweight TT auf einer 250er als auch die Senior TT auf der legendären Bicilindrica.

30 Tollkühne Piloten

Die wichtigsten Moto-Guzzi-Rennfahrer

Vor allem in den 1930er Jahren sowie in der goldenen Zeit bis zum Ende der offiziellen Renneinsätze im Jahr 1957 holten wagemutige und talentierte Rennfahrer unzählige Pokale nach Mandello del Lario. Wegen der unglaublichen Menge der an den Start gegangenen Fahrer reicht der verbleibende Platz allerdings gerade einmal für eine alphabetische Auflistung der wichtigsten erfolgreichen Moto-Guzzi-Werkspiloten und Privatfahrer bei nationalen und internationalen Wettbewerben bis zum offiziellen Ende der Rennaktivitäten im Jahr 1957.

Diulio Agostini, Raffaele Alberti, Piero Albertini, Dario Ambrosini, Fergus Anderson, Fernando Aranda, Ferdinando Balzarotti, Terzo Bandini, Manliff Barrington, Jean Behra, Mario Benigni, Gastone Berardi, Bruno Bertacchini, Riccardo Bertotti, Dante Bianchi, Libero Borsari, Riccardo Brusi, Bruno Campanelli, Keith Campbell, Maurice Cann, Carlo Carotti, Siro Casale, Giovanni Cavalli, Gino Cavanna, Mario Cavedini, Arigo Cimatti, Pierre Collignon, Giuseppe Colnaro, Nino Colombo, Felice Consonni, Francesco Consonni, Luigi Conte, Antonino Corona, Guido Corti, Sergio Cremaschini, Manilo Crippa, Dickie Dale, Leslie Diener, Siegfried Facchinetti, René Facheraux, Leonhard Fassl, Jack Findlay, Aldo Finzi, Bruno Francisci, Juhan Franta, Hermann Gablenz, Mario Gambino, Paul Gamperli, Valentino Gatti, Werner Gerber, Mario Ghersi, Pietro Ghersi, Mario Gigli, Golbert Guignabodet, Hans Haldemann, Walter Handley, Rupert Hollaus, Georges Houel, Luigi Intelvi, André Jaques-Bret, Hans Kaufmann, Ken Kavanagh, Juan Kutz, Virginio Lasagni, Roger Laurent, Syd Lawton, Gianni Leoni, Guido Leoni, Libero Liberati, Bill Lomas, Enrico Lorenzetti, Leo Lorenzi, Adelmo Mandolini, Guido Mandracci, Guido Mantasti, Giuseppe Mantovani, Nino Manzoni, Leon Martin, Massimo Masserini, Alexander Mayer, Silvio Mazzola, Giuseppe Mersi, Ugo Migliarini, Emilio Migliorini, Medardo Monari, Alano Montanari, Amilcare Moretti, Primo Moretti, Robert Müller, Austin Munks, Benoit Musy, Felice Nazzaro, Biagio Nocchi, Roberto Ollearo, Nello Pagani, Nino Pagli, Alfredo Panella, Massimo Pasolini, Aldo Pigorini, Sieb Postma, Rino Prati, Ugo Prini, Giuseppe Raccagni, Domiano Rogai, Giovanni Roncon, Luigi Ruggeri, Amadeo Ruggerini, Bruno Ruffo, Eugenio Saini, Gianfranco Saini, Cecil Sandford, Guglielmo Sandri, René Schumacher, Elio Scopigno, Laszlo Szabo, Pietro Taruffi, Luigi Taveri, Omobono Tenni, René Tisserand, Pietro Tizzoni, Hein Thorn-Prikker, Renato Tommasi, Sanzio Tosi, Egidio Truzzi, Aldo Valentini, Achile Varzi, Brunone Villa, Arthur Wheeler, Tommy Wood, Stanley Woods, Gino Zanchetta …

Für Moto Guzzi waren die 1950er Jahre eine »goldene Zeit«, Rennmotorräder aus Mandello dominierten die internationalen Rennveranstaltungen – im Bild Gianni Leoni im Jahr 1950 auf einer Gambalunghino.

Condor, Dondolino oder Albatros waren nicht nur bei Rundstreckenrennen erfolgreich, auch bei Langstreckenwettbewerben wie Milano Taranto oder Motogiro musste stets mit den schnellen Einzylindern gerechnet werden.

20

31 __ Die goldenen Jahre

Grand-Prix-Rennen in der Nachkriegszeit

Vor 1949 gab es keine offiziellen Weltmeisterschaftsläufe, lediglich individuelle Grand-Prix-Veranstaltungen und Tourist-Trophy-Rennen. Privatfahrern stand jedoch ab 1945 der von der Condor abgeleitete Production Racer »Dondolino« mit 500-ccm-ohv-Motor zur Verfügung. Als der Rennzirkus und die Werkseinsätze wieder begannen, trieb Moto Guzzi die konsequente Weiterentwicklung der Einzylindermotorräder voran. Für die 250er-Klasse hatten die Ingenieure eine neue Rennmaschine entwickelt. Als Nachfolger der Albatros brachte Moto Guzzi die Gambalunghino an den Start, die bereits in der Saison 1949 etliche Siege einheimste. Anfang der 1950er Jahre folgte eine neue 350er, die dank zweier oben liegender Nockenwellen Bialbero getauft wurde. Das mit nur 106 kg federleichte Motorrad überzeugte mit hoher Spitzenleistung und ausgefeilter, im Windkanal optimierter Aerodynamik. Die Bialbero stellte sich als großer Wurf heraus, gewann diverse Europa- und Weltmeisterschaften und dominierte die 350er-Klasse nach Belieben. Insgesamt holte Moto Guzzi acht Fahrerweltmeistertitel. 1949 und 1951 wurde Bruno Ruffo, 1952 Enrico Lorenzetti Weltmeister in der 250-ccm-Klasse. Bei den 350ern holte Fergus Anderson 1953 und 1954 den WM-Titel, gefolgt von Bill Lomas 1955 und 1956 sowie Keith Campbell im Jahr 1957.

Anno 1956: Bill Lomas treibt seine Bialbero als Sieger über die Ziellinie.

In der 500er-Klasse setzte Moto Guzzi nach dem Krieg zunächst die Bicilindrica, eine Entwicklung aus den 1930er Jahren mit 120°-V-Motor, ohne nennenswerte Erfolge ein. Weil weder die Bicilindrica noch die 500er-Bialbero-Singles in der Halbliter-WM gegen die Vierzylinder von Gilera einen Stich machten, entschied sich Chefingenieur Giulio Cesare Carcano im Winter 1954/55 zur Entwicklung eines technischen Meisterwerks: der Otto Cilindri mit V8-Motor. Da sich Moto Guzzi Ende 1957 aus dem Grand-Prix-Sport zurückzog, konnte die spektakuläre Maschine ihr Potenzial jedoch nicht mehr unter Beweis stellen.

MERCEDES-BENZ
Continental Reifen
96
96

32 Otto Cilindri

Das spektakulärste Grand-Prix-Motorrad aller Zeiten

In den 1950er Jahren war Moto Guzzi mit seinen Einzylinder-Rennmaschinen höchst erfolgreich. Die federleichte Bialbero beherrschte die 350er-Klasse souverän, doch weder die Einzylinder noch die bewährte Bicilindrica oder eine vom römischen Ingenieur Gianini neu entwickelte Rennmaschine mit längs eingebautem Vierzylinder und Kardanantrieb konnten in der 500er-Königsklasse gegen die erfolgsverwöhnten Gileras etwas ausrichten.

So reifte 1954 der Plan, ein völlig neues Konzept zu verfolgen. Um die nötigen Drehzahlen und damit eine überlegene Motorleistung zu erreichen, tüftelten die Ingenieure Giulio Carcano, Umberto Todero und Enrico Cantoni an der Entwicklung eines 500-ccm-V8-Motors. Der quer eingebaute Achtzylinder sollte über einen Zylinderwinkel von 90 Grad, zwei oben liegende Nockenwellen und acht 20-mm-Vergaser verfügen. Im Frühjahr 1955 konnten die ersten Testfahrten mit dem komplexen Wunderwerk beginnen. Die rund 150 Kilo leichte Otto Cilindri erwies sich zunächst als kapriziös, aber mit einer Höchstgeschwindigkeit von über 270 km/h von Anfang an konkurrenzlos leistungsstark. Nach einer von Pannen geplagten Rennsaison 1956 unter Ken Kavanagh, Keith Campbell und Bill Lomas stellten sich 1957 erste Erfolge ein. Doch weil sich Moto Guzzi – wie Gilera und Mondial – 1957 vom Rennsport verabschiedete, konnte die bärenstarke V8 ihr Potenzial nicht mehr unter Beweis stellen.

Heute existieren nur sechs echte Otto Cilindri und eine Handvoll detailgetreuer Nachbauten. Damit ist das sensationelle Grand-Prix-Motorrad nicht nur Zeugnis höchster Ingenieurskunst, sondern es zählt auch zu den begehrtesten und teuersten Zweirädern weltweit.

Pino Todero, Sohn des Moto-Guzzi-Konstrukteurs Umberto Todero, besitzt eine der wenigen originalen Otto Cilindri und gilt als ausgesprochener V8-Fachmann.

MOTO GUZZI
MOTO GUZZI
MOTO GUZZI
OPEN HOUSE
GP
TEO LAMERS
MOTORCYCLES
9
MOTO GUZZI
MOTO GUZZI

33 Rekordhalter

Auf der Jagd nach Bestzeiten

In der Moto-Guzzi-Rennabteilung wurden nicht nur Rennmotorräder aufgebaut. Bereits in den 1920er Jahren waren die Ingenieure bemüht, siegreiche Rekordfahrzeuge für unterschiedliche Klassen zu entwickeln. So purzelten im September 1925 die ersten Weltrekorde für Moto Guzzi, als Pietro Ghersi auf einer C4V in Monza 37 Bestzeiten fuhr. 1938 legte Omobono Tenni auf einer 250er 18 Weltrekorde nach. Insbesondere die Aufladung per Kompressor schien den Technikern ein probates Mittel, die Leistung und damit die Geschwindigkeit zu steigern. 1938 sorgte die 250 Compressore für Furore, als sie auf dem Oval von Monza unter Nello Pagani elf bestehende Rekorde brach. Der mechanische Lader verbesserte die Leistung von 25 PS auf über 40 PS bei 7500 U/min. Weitere Rekorde folgten Ende 1938 und 1939, unter anderem mit aerodynamischem Seitenwagen in der Gespannklasse. Nach dem Zweiten Weltkrieg setzte Gino Cavanna die Erfolgsserie auf der 250 Compressore fort. Parallel dazu stellte eine modifizierte, rund 100 km/h schnelle Guzzino eine Reihe von Rekorden in der 75-ccm-Klasse auf, etwa im Februar 1948 in der Schweiz unter Raffaele Alberti. Noch im gleichen Jahr folgten 19 Rekorde, gefahren von Alberti, Leoni und Ruffo auf dem Autodrom von Monza, sowie 24 weitere im September 1950 mit einer vollständig verschalten 75er. Mit einer Gambalunghino feilten Ruffo, Anderson und Lorenzetti auf der Rennstrecke von Monthlery an neuen Bestmarken in der 250er-Klasse. Ebenfalls auf dem französischen Oval steuerten Kavanagh, Agostini, Anderson und Dale 1955 eine präparierte Monoalbero mit über 210 km/h durch die Steilkurven.

1969 wollte Konstrukteur Lino Tonti beweisen, dass auch die V-Zweizylinder-Guzzis gut für Glanzleistungen waren. In der verwaisten Rennabteilung in Mandello entstanden zwei Maschinen auf Basis der V7 für die 750er- und die 1000er-Klasse, um Mitte 1969 auf dem Hochgeschwindigkeitsoval von Monza einige bestehende Rekorde zu verbessern. Trotz Problemen mit platzenden Reifen holten die V7 19 Rekorde, zum Beispiel 100 Kilometer mit einem Schnitt von 218,426 km/h.

Unabhängig von den Werkseinsätzen versuchten immer wieder auch Privatfahrer, auf ihren Moto Guzzis Rekorde einzufahren. Pepproni Bros. Racing aus Kalifornien etwa präparierte die schnellste V7 Sport der Welt. Das »Bonneville Bee« getaufte Unikat holte Bestzeiten in den Klassen 750 MPS-PG und 750 MPS-PF und erreichte eine Höchstgeschwindigkeit von 251 km/h. Mike Noonan hingegen modifizierte 2017 eine 1982er V35 mit Kompressor und Einspritzung, um damit den 350-ccm-Weltrekord bei der Bonneville Salt Flats zu brechen.

Alberto Pagani macht sich hinter der Verkleidung der V7 Record klein. 1969 auf dem Autodrom von Monza fallen 19 bestehende Rekorde.

11

34_ Off Road

Moto Guzzi im Gelände

Die Geschichte von Moto Guzzi ist eng mit Rennen abseits geteerter Straßen verbunden. Nach dem Rückzug aus dem Grand-Prix-Rennsport wandten sich die Italiener zunehmend Offroad-Wettbewerben zu. In der Rennabteilung entstanden ab 1958 wettbewerbsfähige Derivate der Lodola mit 175, 235 und 250 ccm, sowohl mit ohv-Ventiltrieb als auch mit oben liegender Nockenwelle. Dank verlängerter Federwege, verstärkter Fahrwerke und auf bis zu 16 PS leistungsgesteigerter Motoren erwiesen sich die Lodola Regolarita bis 1965 als erfolgreich bei internationalen Sechstagefahrten, etwa in Bad Aussee (1960) oder Garmisch (1962). Nach dem gleichen Muster entwickelte Giulio Carcano die 1962 vorgestellte Stornello Regolarita mit 125-ccm-Viertaktmotor – als Kleinserienmotorrad für Privatfahrer und als professionellen Werksrenner, der ebenfalls Pokale bei den Six Days einsammelte.

Ein weiterer Meilenstein der Off-Road-Historie von Moto Guzzi wurde nicht im Werk in Mandello konstruiert, sondern 1978 beim französischen Importeur. Direktor Denis Bacholle stellte für die Teilnahme an der Paris-Dakar 1979 fünf TT-500-Prototypen auf die stollenbereiften Räder. Die Paris-Dakar galt als die härteste Rallye der Welt, die Fahrer hatten Sandstürmen zu trotzen, und die Maschinen mussten Waschbrettpisten mit bis zu 170 km/h befahren können. Als Bernard Rigoni das Ziel erreichte, hatte die auf der V50 basierende Maschine ihre Wettbewerbsfähigkeit bewiesen. 1985 baute der Italiener Claudio Torri gemeinsam mit der Entwicklungsabteilung in Mandello einen V65-TT-Prototypen für die erneute Teilnahme an der Paris-Dakar. Torri musste wegen eines banalen Problems aufgeben, aber der französische Importeur orderte 15 ähnliche Motorräder im Werk, die er »Baja« taufte. Moto Guzzi beschloss, die 1986er Rallye mit einem Werksteam zu bestreiten. Die drei offiziellen Wüstenrenner erhielten V75-Vierventilmotoren und wurden zunächst bei Enduro-Wettbewerben eingesetzt. Die Organisation der Paris-Dakar wurde dem Importeur für Frankreich anvertraut. Weil das französisch-italienische Team keine Erfolge einfahren konnte, beendete Moto Guzzi sein Engagement.

__ Vier Ventile, 750 ccm, 60 PS: Im Werksmuseum ruht sich der Off-Road-Prototyp von 1986 aus.

In Australien kämpfte der Moto-Guzzi-Importeur ab 1986 zunächst auf einer 650 NTX, später auf einer Zweiventil-750er um Ruhm und Ehre – etwa bei der Wynn's Safari. Und auch Claudio Torre bereitete weitere Motorräder für die Dakar-Teilnahme und andere Off-Road-Rennen vor, darunter die »Tropicana« von 1988 und für 1991 einen 207 kg schweren Boliden namens »Severe« mit 950-ccm-Motor und Kettenantrieb.

Coleman
ACERBIS
MOTO GUZZI
EFF
TOTAL
EFF
TOTAL
GUZZI
DELLORTO
CARBURATORI
MICHELIN
MICHELIN

35 Von der V7 Sport zur MGS-01

Renneinsätze mit Moto Guzzis großen Zweizylindern

Unmittelbar nach dem Debüt der V7 Sport begann Moto Guzzi die in der Versuchsabteilung aufgebauten Motorräder auf der Rundstrecke einzusetzen. Die ersten Rennkilometer erlebte die V7 Sport bei den »500 Kilometern von Monza« im Juni 1971, bei denen Raimondo Riva den dritten Platz belegte. Es folgten viele weitere beeindruckende Ergebnisse bei Langstreckenrennen – etwa in Le Mans, bei den 200 Meilen von Imola und beim 24-Stunden-Rennen von Lüttich. Für die 1000-ccm-Klasse erhöhten die Techniker den Hubraum von 750 auf 850 ccm. Doch als Alessandro de Tomaso das Steuer bei Moto Guzzi übernahm, stellte er alle offiziellen Rennaktivitäten ein.

Von nun an mussten Privatfahrer die Fahne der Marke aus Mandello hochhalten. Rund um den Globus schraubte eine blühende Tunerszene an schnellen Guzzis für die Rennen der Battle of Twins, für Zuvi-Läufe oder internationale Langstreckenrennen. Der deutsche Importeur entwickelte Anfang der 1980er Jahre eine eigene Rennmaschine, die DMB-Le Mans. Zu den Teams von Stucchi, Agostini oder Brambilla gesellten sich weitere Spezialisten wie Bajohr, Gawa in Saarbrücken oder Martinek in Köln. Bald stiegen die Siegeschancen durch die Verwendung von Fischer-, HSM- oder Noki-Fahrwerken. Reichert Racing und KSC tüftelten an Vierventilzylinderköpfen, die krude Feldpausch-Guzzi mit Zahnriemenantrieb sorgte für Erstaunen, und Dynotec kämpfte erfolgreich gegen die dominierenden Ducatis. Auch in den Niederlanden wurde fleißig an schnellen Renn-Guzzis gebastelt, etwa von Jan Kampen oder Teo Lamers. In Frankreich bauten Charles Krajka und Moto Bell erfolgreiche Langstreckenrenner für Endurance-Einsätze. Motobox aus dem spanischen Tarragona, Peter Horvath aus Österreich oder MGB Moto aus Belgien mischten auf den Rennovalen mit. Dr. John Wittner aus Pennsylvania dominierte die AMA-Langstreckenmeisterschaften 1985 und 1987 auf einer Le Mans 1000. Gemeinsam mit dem Werk entwickelte der Zahnarzt daraufhin einen vielversprechenden 4V-Renner im Zentralrohrrahmen. Die davon abgeleitete Serienmaschine Daytona fand ebenfalls schnell ihren Weg auf internationale Rennstrecken – eingesetzt z.B. von RaceCo aus England. Im neuen Jahrtausend gewann Gianfranco Guareschi die Rennen zur amerikanischen BOT-Meisterschaft in Daytona auf einer MGS-01. Außerdem sicherte sich Guareschi 2007 die italienische Super-Twin-Meisterschaft.

24 Stunden Vollgas: Alfio Micheli im Jahr 1982 auf der Lava Guzzi, die von den beiden Moto-Guzzi-Händlern Sergio Valentini und Teo Lamers aufgebaut worden war.

6
Transpetrol

36__ Fast Endurance

Ein Moto-Guzzi-Marken-Cup bietet Rennsport für jedermann

Im direkten Vergleich mit den Renneinsätzen von Moto Guzzi bis 1957 ist der Fast Endurance Cup eine kleine, unscheinbare Randnotiz. Und dennoch belebt der Marken-Cup als spaßige Nischenveranstaltung die Rennstrecken Italiens – etwa in Varano, Misano oder Vallelunga. Die vom italienischen Motorradverband FMI und Moto Guzzi gemeinsam organisierte Rennserie richtet sich an alle, die eine gültige Rennlizenz besitzen und die Rennsport nicht verbissen, sondern als spaßige Gelegenheit für Teamgeist und Freundschaft betrachten. Moto Guzzi belegt zudem seine Leidenschaft für den engagierten Straßenrennsport – auch ohne die Ernsthaftigkeit und den hohen finanziellen Einsatz von Superbike- oder Grand-Prix-Serien.

Beim Fast Endurance Cup starten Zwei-Mann-Teams im Le-Mans-Stil auf speziell vorbereiteten Moto Guzzi V7 III. Die 750er werden mit einem speziellen, von Vertragshändler Guareschi Moto entwickelten GCorse-Renn-Kit ausgestattet. Das Kit umfasst eine Rennauspuffanlage, straffere Federungskomponenten, Stummellenker, eine winzige Rennverkleidung und einen Einzelsitz. Im Zusammenspiel mit gripstarken Reifen kann sich die V7 III so den Herausforderungen des Rennsports stellen. Für optimale Chancengleichheit ist der Rennsatz für alle Teilnehmer identisch.

Erstmals startete der Fast Endurance Cup mit 25 teilnehmenden Teams im Jahr 2019. Fünf jeweils 60-minütige Rennläufe wurden auf verschiedenen Rennkursen durchgeführt. Bestärkt durch den großen Erfolg der FMI-Marken-Serie fand er auch 2020 wieder statt. Eine der wenigen Neuerungen für 2020 waren 90-Minuten-Ausdauerrennen. Reglement und Format blieben hingegen gleich – genau wie das pure Vergnügen am Rennsport für jedermann.

__ V7 III auf der Rennstrecke: Die Fast-Endurance-Teams beim Endlauf 2019 in Misano.

DAINESE
www.misanocircuit.com
Dair
THE AIRBAG SYSTEM

Mit der California Vintage von 2006 gelang Moto Guzzi ein charakteristischer Tourer, der geschickt die eigene Historie zitierte.

HIGHLIGHTS

MOTO GUZZI
CALIFORNIA
brembo

37 __ 1000 SP

Vollverschalter Reisebegleiter

Mitte der 1970er Jahre entdeckte Moto Guzzi die Möglichkeiten des Baukastenprinzips. War bereits 1974 aus dem Rahmen und dem hubraumstärkeren Motor der V7 Sport der Tourer 850 T entstanden, so startete nur drei Jahre später eine wahre Modellflut auf der gleichen Basis. Sowohl 850 T3, 750 S3, 1000 I-Convert, 1000 G5 und Le Mans bedienten sich des vielseitigen Fahrwerkskonzepts von Lino Tonti und des 90°-V2-Motors, der 1966 in der V7 700 debütierte. Was nun noch fehlte, war ein verkleidetes Reisemotorrad im Stil der BMW R 100 RS, die als erstes vollverschaltes Serienmotorrad den Motorradmarkt revolutionierte.

Da Moto Guzzi seit den 1950er Jahren weitreichende Erfahrungen im Bereich der Aerodynamik gesammelt hatte, diese bislang aber nur bei Renn- und kaum bei den Serienbikes eingesetzt hatte, wurde für die Entwicklung einer effizienten Vollverkleidung der alte Windkanal auf dem Werksgelände ausgemottet. Ergebnis der Untersuchungen wurde eine zweiteilige Verkleidung, deren Oberteil mitlenkte, während der untere Bereich fest mit dem Rahmen verschraubt wurde. Ein maximaler Windschutz für den Fahrer wurde trotz geringem cw-Wert erreicht, integrierte Spoiler verringerten den Auftrieb am Vorderrad.

Als technische Basis der neuen 1000 SP fand sich im großen Baukasten die 1000 G5 mit 61 PS starkem Motor, garniert mit Zubehör der 850 Le Mans II. 1977 stand die SP erstmals in den Preislisten, im Frühjahr 1980 erschien die renovierte SP-NT mit neuer Auspuffanlage, anderer Sitzbank und frischen Farben. Legitime Nachfolgerin wurde 1984 die 1000 SP II, die nun vom eckigen Motor der California II befeuert wurde und ein modisches 16-Zoll-Vorderrad erhielt. Das Design der famosen Verkleidung änderte sich hingegen nicht. Erst bei der 1000 SP III von 1988 wurde das gesamte Styling überarbeitet. Mit einer neu geformten einteiligen Kunststoffverkleidung, dem Rahmen der Le Mans IV, einem Motor-Mix aus Touring- und Sportmodellen sowie Tank und Cockpit von der Vorgängerin nutzten die Konstrukteure abermals geschickt das Baukastensystem.

__ Mit ihrer im Windkanal entwickelten Verkleidung sollte die Moto Guzzi 1000 SP der BMW R 100 RS Paroli bieten. Unter der Verschalung finden sich Zutaten diverser Moto-Guzzi-Modelle.

MOTO GUZZI
1000 SP

38 Le Mans III

Mandellos Sport-Konzept auf dem Zenit

Anfang der 1980er Jahre entwickelten die Ingenieure in Mandello del Lario den genialen V2-Motor konsequent weiter. Das an seiner kantigen Zylinderform erkennbare Aggregat wurde dank dickerer Materialstärken und penibler Detailarbeit fit für die Zukunft. Vor allem die Modelle 1000 California II und 850 Le Mans III, die unterschiedliche Versionen des »eckigen« Motors erhielten, verkauften sich prächtig und prägten das Bild von Moto Guzzi ab 1981.

Während die Le Mans II als Vorgängerin der dritten Auflage von Moto Guzzis Sportler über eine großflächige Verkleidung verfügte und eher tourensportlichen Gedanken folgte, kehrte die Le Mans III zurück zu ihren Wurzeln. Ähnlich wie die asketisch gestaltete Ur-Le-Mans vertrat sie die reine Lehre und präsentierte sich als moderner Cafe Racer. Ihre neu geformte Tank-Sitzbank-Kombination betonte Ecken und Kanten, das Cockpit mit mittig angeordnetem weißen Veglia-Drehzahlmesser verströmte Rennatmosphäre. Eine winzige Cockpitverkleidung prägte die Optik des in Rot, Blau-Metallic oder Weiß erhältlichen Motorrads. Das Fahrwerk profitierte von einer längeren Schwinge, was jedoch nichts daran änderte, dass die dritte Le-Mans-Generation als ebenso schlanke wie minimalistische Konstruktion auftrat. Beeindruckend fielen zudem die Fahrleistungen aus. Mit einer Höchstgeschwindigkeit von 215 km/h belegte die Le Mans III das enorme Potenzial des prächtigen Stoßstangen-V2. Für viele Freunde italienischen Motorradbaus stellte sie die Krönung des Le-Mans-Konzepts dar – leistungsfähig, kompakt, ästhetisch, robust und alltagstauglich.

Der deutsche Moto-Guzzi-Importeur DMB setzte die Le Mans III bei der Langstrecken-Weltmeisterschaft und der deutschen Rallye-Meisterschaft ein und stellte basierend auf den Rennerfahrungen Ende 1982 ein zulassungsfähiges Sondermodell mit 1000 ccm und edlen Motorinnereien auf die Räder. Die 95 PS starke Edel-Guzzi erreichte fast 230 km/h und wurde nur rund 70 Mal gebaut.

Mit der Le Mans III schuf Moto Guzzi eine Ikone der 1980er Jahre. Das Sportmotorrad punktete nicht nur mit einer atemberaubenden Straßenlage und exzellenten Fahrleistungen, es war zudem zuverlässig und wartungsarm.

GUZZI
850 Le Mans
III

39 Evolution der California

Italo-amerikanische Lässigkeit

Die California-Modelle sind die italienische Antwort auf Harley-Davidson und Co. – tourentauglich, lässig und dennoch nicht unsportlich. 1974 wurde die 850-T3 California als Nachfolgerin der V7 850 California präsentiert. Anders als die Ur-California erhielt sie den »Tonti«-Rahmen, der bei der V7 Sport Premiere feierte. Diese wegweisende Konstruktion sollte von nun an diverse Generationen von California-Typen bis 2012 tragen. Auch der bewährte V-Motor wurde lediglich weiterentwickelt, die Lichtmaschine wanderte zugunsten niedrigerer Bauhöhe nach vorn auf die Kurbelwelle. Handling und Fahrleistungen der 850-T3 California waren über jeden Zweifel erhaben. Ab Werk glänzte sie mit Windschild, Koffern und Trittbrettern. 1981 wurde mit der California II eine Thronfolgerin präsentiert, die sich dank 950-ccm-Motor, barocken Schutzblechen und längerem Radstand noch besser verkaufte. Der von 59 auf 67 PS erstarkte V2 verfügte erstmals über eckige Zylinder und Köpfe.

Näher ans Cruiser-Segment rückte ab 1987 die California III. Technisch unterschied sie sich kaum von der Vorgängerin, optisch orientierte sie sich hingegen mit Tropfentank und Stufensitzbank an amerikanischen Vorbildern. Anders als bislang bot Moto Guzzi die California III in verschiedenen Varianten an, etwa als Einspritzer oder als FF mit Vollverkleidung. Ende 1993 erhielt sie den Namenszusatz »1100« und damit einen kraftvolleren Motor mit 1064 ccm. 75 PS leistete der mit Vergasern oder Einspritzung angebotene V2. Mit ihrer Evolution zur California EV kam sie ab 1996 ausschließlich mit Benzineinspritzung. Die ab Juli 1998 erhältliche California Special eröffnete den Auftakt zum Reigen zahlreicher Variationen des Themas: Stone, Stone Touring, Stone Metal, California Aluminium, Titanium, California Special Sport, California EV, Jackal und Weitere standen zur Wahl. Im Zuge der aufkeimenden Retrowelle kleidete Moto Guzzi die California Vintage von 2005 im traditionellen Look. Ihre Formensprache erinnerte an die T3 California von 1974. Der 1100-ccm-Motor profitierte von einer gründlichen Auffrischung, aber der Rahmen stammte noch immer von der seligen V7 Sport. 2012 erschien die von Grund auf neu konstruierte California 1400.

Seit 1972 steht »California« für lässige Tourentauglichkeit und dynamische Qualitäten: hier die mit Vergasern bestückte California 1100 von 1993.

MOTO GUZZI
California
1100

40 Mille GT und 1000 S

Vorreiter der Retrowelle

In den 1980er Jahren lieferten die Moto-Guzzi-Designer keine wirklich überzeugenden Entwürfe ab. 16-Zoll-Vorderräder, stromlinienförmige Verkleidungen und jede Menge Kunststoff verwässerten das puristische Konzept der großen V2-Motorräder bis zur Unkenntlichkeit. Der Importeur für Deutschland, die Deutsche Motobécane, ärgerte sich über die verfehlte Modellpolitik und glaubte, den Geschmack der Moto-Guzzi-Fahrer besser einschätzen zu können. Viele Kunden verlangten nach einem urigen und rustikalen Allrounder mit typischem Italo-Charakter. Mit der konkreten Idee, die vorhandene SP II ihrer Vollverkleidung zu berauben, ein 18-Zoll-Vorderrad und die Instrumente der kleinen Florida zu montieren, wandte sich der Großhändler an den Hersteller. So entstand für 1987 die Mille GT. Sie markierte auf sympathische Art die Rückkehr zu alten Traditionen. Ganz nebenbei nahm die unverkleidete 1000er den schon bald höchst populären Trend zum Retrobike vorweg. Die Verkäufe der Mille GT übertrafen nicht nur in Deutschland alle Erwartungen, auch im Heimatland und anderen europäischen Staaten stieg der Absatz des fabrikneuen Klassikers kontinuierlich.

Wegen des unbestreitbaren Verkaufserfolges der Mille GT stieß die Deutsche Motobécane in Mandello auch mit ihrem zweiten Vorschlag auf offene Ohren. Die Bielefelder wünschten sich ein klassisches Sportmotorrad. Die Basis dafür war unzweifelhaft vorhanden: die 81 PS starke Le Mans 1000. Es fehlten lediglich ein Tank im Stil der 1970er Jahre, Schutzbleche aus Edelstahl, ein verchromter Rundscheinwerfer und ein simples Cockpit mit zwei Rundinstrumenten. Die 1989 präsentierte 1000 S vereinte die Technik der Le Mans und die Optik der 750 S von 1974. Die zweite Serie der 1000 S, nun mit 71-PS-Motor, wurde bis 1993 angeboten. Wahlweise war die S mit Guss- oder Speichenrädern zu haben. Nur für England gab es zudem die rot lackierte und mit Le-Mans-I-Lenkerverkleidung bestückte 1000 SE. Die Nachfrage nach der 1000 S blieb jedoch verhalten. Als nostalgischer Sportler war sie ihrer Zeit zu weit voraus. Erst viele Jahre später führte fast jeder Motorradhersteller ein oder mehrere Retro-Bikes im Portfolio.

Die 1000 S von 1989 basierte auf der Le Mans 1000. Tank, Sitzbank, Schutzbleche und andere Anbauteile lagen quasi im Regal der Traditionsmarke.

MOTO GUZZI
1000S

41 Reiseenduros mit V2-Motor

Drei Generationen Offroader vom Comer See

Losgetreten hatte den Hype die Yamaha XT 500 im Jahr 1976, vier Jahre später kam der Run auf großvolumige Viertakt-Enduros durch die Präsentation der BMW R 80 G/S richtig in Schwung. Wegen des ungeahnten Erfolgs entwickelten fast alle großen Motorradhersteller eigene Enduro-Modelle mit Hubräumen oberhalb von 500 Kubikzentimetern. Schnell hatte sich herumgesprochen, dass Enduros mit kultivierten Zweizylindermotoren ideale Fernreisemobile sind. So ging die Offroad-Welle auch an Mandello nicht spurlos vorüber. Mit leichter Verspätung präsentierte Moto Guzzi 1984 die auf der kleinen Modellreihe basierenden V 35 TT und V 65 TT, wobei das »TT« in der Modellbezeichnung für »Tutto Terreno«, auf jedem Untergrund, steht. Ausgestattet mit einer Telegabel und Gasdruck-Federbeinen von Marzocchi, zeigten sich die leichten Kardan-Maschinen für Offroad-Ausflüge gerüstet. Auf die TT folgte 1986 die NTX 650, die auf der gleichen Plattform aufbaute, deren Styling sich jedoch an die Rally-Raid-Motorräder der damals populären Paris-Dakar anlehnte. Die 750-ccm-Version der NTX erfreute sich großen Zuspruchs bei italienischen Polizeidienststellen.

Nachdem Reiseenduros auf sämtlichen Märkten immer erfolgreicher wurden, stellte Moto Guzzi auf dem Mailänder Salon 1989 erstmals eine Enduro mit der Technik der großen V2-Modelle vor. Als die Quota 1000 1992 in den Handel kam, zählte sie mit 71 PS und einem Leergewicht von 260 kg zu den stärksten und schwersten Reiseenduros. 1997 wurde die 1000er von der umfangreich überarbeiteten Quota 1100 ES mit drehmomentstarkem V2-Motor abgelöst.

Ein noch dickerer Brocken war die 2007 präsentierte Stelvio. Mit über 280 kg zählte die neue Maxi-Enduro wohl kaum mehr zu den handlichen Geländehüpfern. Doch BMW hatte es vorgemacht: Die Bayern konnten alleine von der ebenfalls vollschlanken R 1200 GS weltweit über 30.000 Exemplare pro Jahr absetzen. Ausgestattet mit dem neuen Quattrovalvole-Motor mit 1151 ccm Hubraum und 110 PS sowie einer Einarmschwinge, wollte die Stelvio ein Stück dieses großen Kuchens abknabbern. Ab 2009 gesellte sich die Stelvio 1200 NTX dazu. Mit Speichen- statt Gussrädern, Zusatzscheinwerfern und serienmäßigen Koffern vermittelte die NTX rustikales Abenteuer-Flair.

Erste Moto-Guzzi-Enduro mit Zweizylindermotor war die V 65 TT. Mit 50 PS aus 650 ccm trat sie gegen die populäre BMW R 80 G/S mit 800 ccm an.

GUZZI
TT
V65

42__ V11 Sport

Retro-Naked-Bike für Genießer

Als Moto Guzzi 1997 erstmals die neue V11 Sport präsentierte, stand es wirtschaftlich nicht gut um die Traditionsmarke. Doch im Herbst 1999, kurz vor der Übernahme durch Aprilia, brachte der angeschlagene Motorradhersteller die Neuheit tatsächlich in die Schaufenster der Vertragshändler. Die V11 sollte an die legendäre V7 Sport, die schnelle Über-Guzzi aus den 1970er Jahren, anknüpfen. Und tatsächlich überzeugte sie mit einer gelungenen Formgestaltung, die geschickt traditionelle und moderne Stilelemente vereinte und von Moto Guzzi »Retro-Naked-Style« getauft wurde. Der klassische Stoßstangen-V2-Motor legte sich mit 1064 ccm und 91 PS ordentlich ins Zeug und reichte seine Kraft an ein neu entwickeltes Sechsganggetriebe weiter. Ebenfalls neu war der Zentralrohrrahmen aus Vierkant-Stahlprofilen. Trotz ihres recht stattlichen Gewichts von 245 Kilogramm benahm sich die V11 Sport auf kurvigen Landstraßen extrem handlich und lief auf der Autobahn stabil geradeaus – vor allem in der modifizierten Version ab 2001 mit um 19 Millimeter verlängertem Radstand.

Bereits ein Jahr nach der Markteinführung begann Moto Guzzi mit der Einführung einer beinahe unüberschaubaren Flut an Sondermodellen auf Basis des Urmusters. Die schicke V11 Sport Rosso Mandello und die V11 Le Mans mit Halbschalenverkleidung eröffneten den Reigen, die Sport Scura mit Öhlins-Fahrwerk und die Le Mans Tenni mit Karbonteilen folgten 2002. Weitere Ableger waren die Sport Ballabio mit Cockpitverkleidung, die Cafe Sport und die Le Mans Rosso Corsa mit Öhlins-Komponenten von 2003. Mit Le Mans Nero Corsa und Scura R drohte 2004 die Vielfalt an Spezialexemplaren unübersichtlich zu werden. Was nicht bedeutete, dass nicht alle Versionen der V11-Reihe ihren ganz spezifischen Reiz auf stilbewusste Zweiradgenießer ausübten. Klassisch, urwüchsig, überwältigend – die V11 war eine echte Moto Guzzi.

__ Über 220 km/h läuft eine Moto Guzzi V11 Le Mans locker. Der wahre Reiz liegt jedoch im vergnüglichen Landstraßensurfen.

MOTO GUZZI

43_Jackal und Stone

Californias Reduktion auf das Wesentliche

1999 nahm sich Moto Guzzi die California 1100 vor und schuf mit der Jackal eine abgespeckte Variante des Italo-Cruisers. Im Unterschied zur vollausgestatteten California verzichtete die neue Jackal auf Windschild, Trittbretter sowie den Drehzahlmesser, und auch die zweite Bremsscheibe samt Integralbremssystem blieb auf der Strecke. Wegen der reduzierten Zutaten erinnerte sie nun beinahe an ihre Urahnin V7 700 von 1967. Zumal Speichenräder, Chromzierrat und Schutzbleche aus Metall jede Menge Klassik-Flair verströmten. Neben dem bewährten Fahrwerk übernahm die Jackal auch den archaisch anmutenden Stoßstangen-V2 mit 1064 ccm von ihren Fullsize-Geschwistern.

Schnell sprach sich herum, dass sich die Jackal fahrdynamisch spürbar von japanischen Konkurrenzprodukten abhob – sie war sozusagen das Naked Bike unter den Cruisern. Ihr tiefer Schwerpunkt, ihr moderates Gewicht, der stabile Rahmen und zurückhaltende Reifenbreiten sorgten für ein leichtfüßiges Handling auf verwinkelten Landstraßen. Und auch entspanntes Dahingleiten zählte zu den Paradedisziplinen des charakterstarken Italobikes.

Mit der California Stone erschien 2002 die Nachfolgerin der Jackal. Auch sie setzte auf die California-1100-Basis in ihrer aktuellen EV-Entwicklungsstufe mit verminderter Ausstattung. Folglich fiel der Entwicklungssprung zur Vorgängerin vergleichsweise gering aus. Auch die Stone begnügte sich mit einer einzelnen 320-mm-Bremsscheibe im Vorderrad sowie einem einsamen Tacho mit sechs Kontrollleuchten und führte den minimalistischen und schnörkellosen Weg der 1990er Jahre im neuen Jahrtausend fort. Eine große Auswahl an Werkszubehör und Sondermodelle wie die Stone Metal mit Chromtank oder Stone Touring mit Packtaschen ließen ausreichend Spielraum für individuelle Gestaltungsmöglichkeiten. So oder so haben Jackal und Stone bewiesen, dass weniger durchaus mehr sein kann.

___ Nicht nur in der Farbe ähneln sich die California Stone von 2002 und die V7 700 von 1967, sondern auch in ihrem Charakter.

Mit der Breva 1100ie hatte Moto Guzzi ab 2006 einen Allrounder mit durchaus dynamischen Qualitäten im Verkaufsprogramm.

44_ Kleine Chopper

Custom, Florida und Nevada

Softchopper waren Anfang der 1980er Jahre das ganz große Ding. Kaum ein Motorradhersteller kam ohne mindestens ein Modell mit Hochlenker, Stufensitzbank und »Easy Rider«-Flair aus. Auch viele italienische Hersteller wie Ducati (Indiana), Morini (Excalibur) oder Gilera (TG3 Custom) sprangen auf den Zug auf und produzierten neben Sportlern auch Bikes im lässigen US-Stil. Moto Guzzi führte mit der California bereits seit 1971 ein amerikanisiertes Tourenmotorrad im Programm. Was also lag näher, als auch aus den Typen der Hubraum-Mittelklasse eine Chopper-Variante zu kreieren, zumal die Firmenleitung darauf drang, aus jeder Modellreihe eine komplette Familie entstehen zu lassen?

Mit V 35 C und V 50 C (C für Custom) erschienen 1982 die ersten Chopper auf Basis der kleinen V2-Typen. Im Unterschied zu den Normalversionen zeichneten sich die C-Typen durch einen Tropfentank, eine verlängerte Schwinge für den breiteren Hinterreifen, eine stark konturierte Sitzbank und den typischen »Buckhorn«-Lenker aus. Von Anfang an gefielen die kleinen Chopper – anders als viele Mitbewerber – mit quirligen Fahreigenschaften. 1983 gesellte sich eine 650er mit 48 PS namens V 65 C dazu. Ab 1986 wurden die C-Typen durch die neue Florida ersetzt. Während die Technik weiterhin von der V 35 und V 65 stammte, hatten die Designer die Optik in Richtung California verändert. Einfaches Handling, zuverlässige Technik und die besagte Agilität sorgten für gute Verkäufe. Nachfolgerin wurde 1989 die Nevada, die nun neben dem bekannten 350-ccm-V2 optional über einen 750-ccm-Motor verfügte. 2004 legte die Nevada ihr schwülstiges Design ab und erhielt zudem – im Hinblick auf schärfere Abgas-Grenzwerte – den Motor der Breva 750 mit Einspritzung und Dreiwege-Katalysator. Doch auch Sondermodelle wie »Classic«, »Aquila Nera« und »Anniversario« konnten nicht darüber hinwegtäuschen, dass die Konstruktion der Cruiser aus den 1970ern stammte – mit schmaler Bereifung und kompakten Dimensionen. 2016, 34 Jahre nach Präsentation der ersten Custom, wurde der letzte kleine Chopper aus Mandello del Lario produziert.

Die barock gestylte 750 Nevada, hier das Modell von 2001, wirkte im neuen Jahrtausend wie ein Relikt aus den 1980er Jahren.

MOTO GUZZI
Nevada 750

45 Bellagio

Die Letzte mit Tonti-Rahmen

Sie sah aus wie ein barock gestylter Cruiser, überraschte mit der Fahrdynamik eines Sportlers und versüßte den Alltag mit ihrer Unkompliziertheit. Die 2007 zeitgleich mit der Breva erschienene Bellagio ließ sich in keine der bekannten Schubladen stecken. Wer sich für die außergewöhnliche Maschine mit dem Namen eines mondänen Ausflugsortes am Comer See interessierte, musste bereit sein, ihren ausgeprägten Charakter zu akzeptieren. Als Lohn gab es einen nahezu perfekten Allrounder mit hoher Funktionalität und gewaltigem Spaßfaktor.

Der Schleifenrahmen der Bellagio basierte in groben Zügen auf dem Tonti-Fahrgestell der California, verzichtete aber auf die beiden Unterzüge. Zwei vordere 320-mm-Brembo-Scheiben versprachen tadellose Verzögerung, das 180er-Hinterrad steckte in einer CARC-Einarmschwinge aus der Breva 1100. Auch der luftgekühlte V2-Motor stammte aus dem Baukasten. Dieser vereinte Zylinder der 1200er-Modelle mit 95 Millimetern Bohrung mit einer kurzhubigen 66-Millimeter-Kurbelwelle, angeflanscht an das neue Sechsganggetriebe des Hauses. Heraus kam ein wendiger Roadster mit drehfreudigem 936-ccm-Aggregat. Auf den tiefen Sitz hinter dem opulenten Tropfentank gebettet, die Arme locker zum breiten Lenker ausgestreckt, kam jedoch keine Hektik auf. Obwohl sowohl Motor als auch Fahrwerk zügiges Landstraßentempo locker verkrafteten und Fahrleistungen ermöglichten, die man der Bellagio angesichts ihres Cruiser-Outfits nicht zutrauen würde, verleitete der faszinierende V2-Herzschlag zum entspannten, genüsslichen Motorradwandern.

Zwei Versionen der Bellagio standen zur Wahl: die Aquila Nera in mattem Schwarz oder die Deluxe mit edler Zweifarbenlackierung. Ob man die Bellagio nun als sportlichen Cruiser, puristischen Roadster oder gar als klassisch anmutendes Retrobike deutete, spielte bei ihrem vielseitigen Talent keine Rolle. Und eines war sie ganz gewiss: die letzte Moto Guzzi mit dem legendären Tonti-Rahmen.

Von 2007 bis 2014 rollte die Bellagio von den Bändern in Mandello del Lario – im Bild die zweifarbige Bellagio Deluxe.

46 Neue Custombikes

V9 Roamer, Bobber und Bobber Sport

Für Moto Guzzi gelten 850 Kubikzentimeter als eine klassische Größe. Erstmals 1971 präsentierte der Hersteller die V7 850 GT mit dem ungewöhnlichen Zylindervolumen, gefolgt von 850 T, T3 oder den Le-Mans-Baureihen I bis III, den sogenannten großen V2-Modellen. Die kleinen V2-Typen hingegen begnügten sich mit 350 und 500 ccm, steigerten sich über 650 ccm auf 750 ccm und gipfelten im Jahr 2016 bei exakt jenem Maß, das 40 Jahre zuvor als das Gardemaß der großen Moto-Guzzi-Motorräder gegolten hatte, bei 850 ccm. Wie bei den ersten Mittelklassetypen V 35 und V 50 erfolgte die Ventilbetätigung des luftgekühlten V-Zweizylinders über Stößelstangen und Kipphebel, jedoch konstruierte man neue Zylinderköpfe mit kugelförmigem Brennraum. In der neuen V9 wurde der Triebling mit exakt 853 ccm und einer Leistung von 55 PS erstmals in einer Moto Guzzi der Neuzeit eingesetzt.

Cruisen nach amerikanischem Vorbild zählte bereits seit mehreren Jahrzehnten für die California und die Florida/Nevada zur Paradedisziplin. Als Nachfolgerin der Midsize-Custombikes trat die V9 in zwei unterschiedlichen Versionen an – der V9 Roamer als gediegener, kompakter Cruiser und der V9 Bobber mit dickem 16-Zoll-Vorderrad. Der 850er-Motor liefert Kraft bereits bei niedrigen Drehzahlen und passt ideal zum entspannten Charakter der V9. Mit großer Schräglagenfreiheit und einem Gewicht von unter 210 kg, fahrfertig mit vollem Tank, geben sich beide Ausführungen erstaunlich agil – trotz der massiven, kunststoffarmen Bauweise. 2018 gesellte sich die V9 Bobber Sport dazu, die als sportlich geschnittener Bobber mit Öhlins-Federbeinen im Heck, flachem Lenker und Alu-Maske ausgestattet wurde. Im Zuge der Umstellung auf die Abgasnorm Euro 5 erhielt die V 9 2021 einen neu entwickelten Motor, der auf dem Triebwerk der Enduro V85 TT basierte. In Sachen Hubraum änderte sich nichts, jedoch stieg die Leistung auf 65 PS und das maximale Drehmoment auf 73 Nm. Zeitgleich verstärkten die Techniker den Rahmen der V9 im Bereich des Lenkkopfs und schärften die Optik nach.

Mattschwarz und minimalistisch: Mit ihrem lässigen Auftritt spricht die V9 Bobber auch jüngere Interessenten an.

NARVIK
2407 KM FRA NORDPOLEN
ST. PETERSBURG
3159 WIEN
3957 BEOGRAD
290 BODØ
1407 OSLO
3978 ROMA
3529 MANDELLO
3189 PARIS
1425 STOCKHOLM
WARSZAWA 2559
ROVANIEMI 512
KIRUNA
HARSTAD
HAMMERFEST 115
HELSINKI 644
TROMSØ 243
BORIS GLEB
MOTO GUZZI
V9 BOBBER
MOTO GUZZI

___ Chromtank, zurückverlegte Fußrasten und flacher Sportlenker: Als Spitzenmodell der V7-Baureihe verfügte die V7 Racer über eine klassische Cafe-Racer-Optik.

MOTO GUZZI
V7 RACER
7

Der im Jahr 2000 präsentierte Prototyp »Sansone« der italienischen Designstudios DSN (Design Service Network) und Beestudio kreuzte den 750 ccm-Motor samt Kardanantrieb der Nevada mit dem Look eines Großradrollers.

DESIGN

DSN
SANSONE

47_ Gestaltungspremiere

Paolo Martin, der erste Designer bei Moto Guzzi

Nachdem der Exil-Argentinier Alessandro de Tomaso 1971 Benelli und 1972 die Marke Moto Guzzi erworben hatte, wehte ein frischer Wind in Mandello. De Tomaso wollte den vier japanischen Motorradmarken Paroli bieten. Er sah eine große Chance in der professionellen Formgestaltung seiner Motorräder, schließlich betrieb er auch das bekannte Design-Studio Ghia. 1973 heuerte er den Designer Paolo Martin an und beauftragte ihn umgehend mit der Umgestaltung der Benelli- und Moto-Guzzi-Modelle. Mit den Worten »Entwirf, was du willst. Die Ghia-Fabrik steht dir zur Verfügung« ließ er Martin dabei weitgehend freie Hand. Vor Paolo Martin hatten ausschließlich Techniker und Kaufleute die Gestaltung von Motorrädern bestimmt, was den Turiner zum vielleicht ersten Motorraddesigner in Europa überhaupt machte.

Der 1943 geborene Paolo Martin betrachtete das Motorrad als ein Instrument, auf dem sein Fahrer »spielt«. Er verzichtete daher bei seinen Entwürfen auf eine allzu sachliche Formensprache. Sein erster Auftrag war die Gestaltung von Zifferblättern für Benelli und Moto Guzzi. Es folgten Lenkerschalter, Bremspumpen, Schriftzüge und Schalldämpfer. Die geplanten Benelli- und Moto-Guzzi-Modelle GTS 350 und GTS 400 ähnelten technisch den Vierzylindermodellen von Honda. Martins Aufgabe bestand nun darin, den Motorrädern eine eigene, italienische Linie zu verleihen. Auch die Formen von 850 T, T3, Le Mans und V 35/V 50 werden dem Turiner angerechnet.

1973 kehrte de Tomaso von einer USA-Reise zurück. Er hatte eine große Kiste mit farbigen Klebefolien mitgebracht, die damals in Italien nicht erhältlich waren. Er bestellte Martin zu sich. Im Hof parkte eine modifizierte V7 Sport. De Tomaso verlangte, dass sein Motorraddesigner neue Graphics entwerfen solle. Dieser wählte drei Farben – Rot, Orange und Grün – aus der Box voller Folien und begann damit, Tank und Seitendeckel diagonal zu bekleben. Martins Schnellschuss wurde bei der 750 S von 1974 in die Serie übernommen. Das Farbschema war so stilbildend, dass es bei der 1000 S von 1991 und auch bei der V7 Special von 2015 wieder aufgegriffen wurde.

__ Flotter Strich: Handskizze der grafischen Gestaltung für die Moto Guzzi 750 S von 1974.

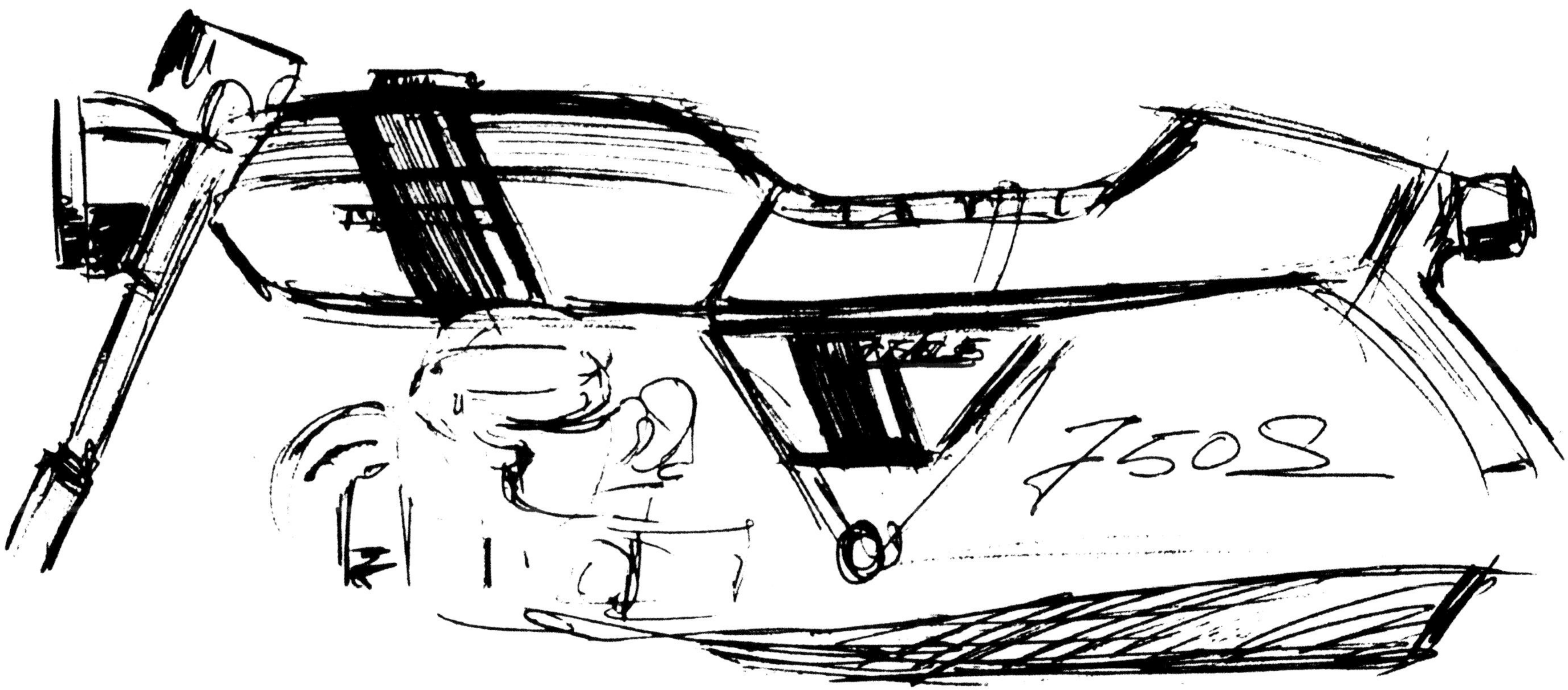
750S

48 Irrweg Automobildesign

De Tomasos Stilblüten

Seit Mitte der 1950er Jahre galt Norditalien als das Zentrum des Automobildesigns. Zwischen Turin und Mailand tummelten sich jede Menge begabter Formgestalter, etwa Bertone, Pininfarina, Zagato oder Vignale. In den 1970er Jahren wandten sich auch Motorradhersteller an die Karosseriestudios, um die Ideen des Automobildesigns auf die Gestaltung von Zweirädern zu übertragen. Als prominentes Beispiel gilt die vom Star-Stylisten Giorgio Giuigaro entworfene Ducati 860 GT. Der talentierte Designer hatte mehr als 300 Autos gestaltet – zum Beispiel VW Golf I, BMW M1 oder Fiat Panda. Doch anders als seine hochgelobten Autoformen konnte die 1973 präsentierte Ducati nicht überzeugen und wurde zum Flop.

Durch die Erfahrungen mit seiner Automarke De Tomaso war Moto-Guzzi-Eigner Alessandro de Tomaso fest von den Fähigkeiten der italienischen Kreativbüros überzeugt. Er wünschte sich frischen Wind im Kampf gegen die japanischen Hersteller. Der Patriarch beauftragte daher Anfang der 1980er Jahre den Turiner Designer Giulio Modelli und sein eigenes Design-Studio in Modena mit der Gestaltung einer modernen Motorradlinie. 1983 erschien mit der 850 T5 das erste Moto-Guzzi-Serienmotorrad aus der Feder der Autodesigner.

Ausgestattet mit 16-Zoll-Rädern, kantiger Frontverkleidung und automobilem Cockpit wirkte die T5 gedrungen und plump. Weder Freunde japanischer Motorräder noch traditionelle Moto-Guzzi-Fahrer konnte die T5 überzeugen. Was de Tomaso jedoch nicht davon abhielt, weitere Modelle im neuartigen Design auf den Markt zu bringen. Mit der V75 und der sehr ähnlichen V35 II präsentierte Moto Guzzi 1985 zwei Neuerscheinungen auf Basis der kleinen Modellreihe. Beide verfügten ebenfalls über ein 16-Zoll-Vorderrad und die von der T5 bekannte Frontverkleidung.

Technisch war die V75 durchaus interessant. Ein längerer Hub machte aus dem 650er-Motor der V65 einen vollwertigen 750er. Zudem war sie mit den Vierventilzylinderköpfen aus der V65 Lario ausgestattet. Vor allem das seltsame Design verhinderte jedoch einen veritablen Verkaufserfolg der V75: Motorräder sind eben doch keine Autos.

Wie 850 T5 oder 1000 SP II griff auch die Mitte der 1980er Jahre präsentierte V75 Gestaltungsmerkmale des Automobildesigns auf – und wurde zum Flop.

GUZZI
V75

49 Luciano Marabese

Inspirationen für die 1990er Jahre

Für die Formgebung der Moto-Guzzi-Modelle in den 1990er Jahren war vor allem ein Designer verantwortlich: Luciano Marabese. Der 1948 in Mailand geborene Marabese gründete 1976 seine eigene Motorradmarke HRD, die unter anderem Modelle wie die 644 Imperator unter dem Namen Horex fertigte. Anfang der 1980er Jahre spezialisierte er sich mit seiner Firma Marabese Design auf die Formentwicklung von Zweirädern und gestaltete gemeinsam mit seinen beiden Söhnen Riccardo und Roberto sowie 15 Angestellten unzählige Motorräder für diverse Hersteller. Seit 1984 arbeitete er für die Piaggio-Gruppe. Auf sein Konto gehen etwa Gilera Dakota 350/600, die CX mit Achsschenkellenkung oder die Vespa-Roller Sfera und GT sowie das Dreirad Piaggio MP3. Auch die Formensprache von Yamaha MT-03, Triumph Speed Triple oder Moto Morini 9 1/2 entstand im Studio Marabese in Cerro Maggiore nahe Mailand. Die Gesamtanzahl der Entwürfe beeindruckt: Über 400 Motorrad-Prototypen hat das Kreativteam bis zum Tode von Luciano Marabese im Oktober 2016 entwickelt.

Ab 1994 engagierte sich Marabese bei Aprilia, wo er zum Beispiel die Pagaso entwarf. Weil Aprilia zu jener Zeit Eigner von Moto Guzzi war, entstand schon bald eine enge Zusammenarbeit mit der Firma in Mandello del Lario. Zunächst befasste sich der Designer mit der Umgestaltung der California-Baureihe, es folgte die Gestaltung fast aller Serienmotorräder der 90er- und frühen 2000er Jahre von Moto Guzzi, V 10 Centauro, V 11 Sport, Breva 750 und 1100, Griso, Norge und Stelvio.

Für das private Vergnügen und um zu belegen, zu welchen Höchstleistungen das Studio Marabese fähig war, entstand 2001 eine moderne Variante der legendären Achtzylinder-Moto-Guzzi. Den Designern war von Anfang an klar, dass eine derartige Träumerei niemals das Serienstadium erreichen würde. Aber für die Italiener war die Arbeit an Motorrädern nicht nur ein Job, sondern immer auch eine gewaltige Faszination.

Luciano Marabese beeinflusste die Formensprache von Moto Guzzi in den 1990er Jahren maßgeblich.

50 Piaggio Advanced Design Center

Miguel Angel Galluzzis Designfabrik in Kalifornien

Für das Design der meisten Moto-Guzzi-Modelle der Neuzeit zeichnet Miguel Angel Galluzzi verantwortlich. Der gebürtige Argentinier arbeitete ab 1986 bei GM in Rüsselsheim, dann bei Honda sowie Ducati in Italien, für die er zum Beispiel die legendäre Ducati Monster gestaltete. 2006 wurde Galluzzi Styling-Director bei Aprilia, er gestaltete 2009 gemeinsam mit Pierre Terblanche drei V12-Konzeptstudien und kehrte 2012 zurück nach Pasadena. Am Art Center College of Design hatte er bereits in den 1980er Jahren studiert. Nun leitet er hier das Advanced Design Center für die Moto-Guzzi-Muttermarke Piaggio.

Die Italiener unterhalten ihr Design-Center nicht ohne Grund in der kalifornischen Design-Metropole. Sie erhoffen sich sowohl Einflüsse vom wichtigen Exportmarkt USA als auch vom kreativen Umfeld des Art Centers. In seinem modern ausgestatteten Büro auf dem zentralen Colorado Boulevard übernimmt der Design-Chef gemeinsam mit drei Mitarbeitern die Formgestaltung der Marken Piaggio, Vespa, Aprilia und Moto Guzzi. Neben dem Facelift der Moto Guzzi V7 Racer hat er von hier aus bereits die California 1400 MGX-21 und die V9-Typen entwickelt. Erst die V85 TT wurde wieder in Italien gestaltet, unter der Leitung vom Head of Design Marco Lambri.

Bei seinen Entwürfen berücksichtigt Galluzzi stets auch die lange Tradition der Marke. Doch er hält nicht viel von reinen Retrobikes: »Design muss in die Zukunft weisen, nicht nur in die Vergangenheit. Retro ist ein Symptom für etwas, das die Veränderung vermisst. Retro ist ein Augenblick, in dem wir über die Zukunft nachdenken.« Vielmehr legt er großen Wert auf eine sachliche Formensprache. Dazu Galluzzi: »Gutes Design ist simpel und klar. Das Simple muss so stark sein, dass es dich verführt. Nehmen wir den Porsche 911. Wenn es gutes Design ist, dann funktioniert es für immer.«

Im Piaggio Advanced Design Center im amerikanischen Pasadena entsteht unter der Regie von Miguel Galluzzi die Formensprache zukünftiger Moto-Guzzi-Motorräder.

Nur 2021 erhältlich: Zum 100-jährigen Jubiläum präsentiert Moto Guzzi Centenario-Sondermodelle der V85 TT, V7 Stone und V9 Bobber (v.l.n.r).

— Neben Motorrädern entstanden in Mandello del Lario bis 1980 Dreiradtransporter – Motocarri – in großen Stückzahlen.

SKURRILES

51 Dreiräder

Motocarri als preiswerte Alternative zum Lastwagen

Hybride aus dem Vorderteil eines Motorrads und dem Heck eines Lkw waren in Italien mit seinen engen Gassen und geschäftigen Ortschaften äußerst beliebte Nutzfahrzeuge. Die simplen Motorräder oder Roller mit Ladefläche und zwei Rädern darunter galten als praktische Arbeitsgeräte vor allem für kleinere Betriebe. Speziell die Dreiräder von Moto Guzzi überzeugten durch ihre Robustheit und Wirtschaftlichkeit. 1928 erschien mit dem Typ 107 die erste Transportkarre. Abgeleitet von der Sport 14 verfügte sie über einen wechselgesteuerten Einzylinder mit 500 ccm und Kettenantrieb zum Hinterrad. Nach und nach erhielten die Dreiräder die technischen Verbesserungen ihrer Spendermotorräder – etwa im Kopf hängende Ventile.

Mit dem Modell U folgte eine deutlich verstärkte und belastbarere Variante. Die Ercole von 1946 ging einen weiteren Schritt in Richtung Lastwagen: Sie punktete mit einem stabilen Fünfganggetriebe samt Kardanantrieb zum Hinterrad. Zudem gab es die Ercole ab 1957 mit elektrischem Anlasser, und autoähnliche, geschlossene Kabinen stießen bei der pragmatischen Kundschaft auf reges Interesse. Selbst eine Variante mit Erdgasantrieb wurde angeboten.

Ab 1956 bereicherte die kleinere Ercolino den Markt der Motocarri. Angetrieben vom 192-ccm-Viertaktmotor des Galletto-Rollers machte das mit bis zu 590 kg Tragfähigkeit belastbare Dreirad der erfolgreichen Ape von Vespa Konkurrenz. Speziell für innerstädtische Transporte eigneten sich die Aiace mit 110 ccm von 1962 und die noch kleineren Dingotre und Furghino N von 1965, die mit ihrem 50-ccm-Zweitakter als Moped eingestuft wurden. Noch heute sieht man in so manchem italienischen Dorf eine fleißige Ercole bei der Arbeit – zwischen Alfa-Romeo Stelvio und Elektro-Smart. Schließlich wurde das archaische Gefährt bis 1980 (!) gebaut.

Vor dem Zweiten Weltkrieg saßen die Fahrer eines Motocarro meistens im Freien, bei der späteren Ercole erfreuten sich Kabinen aus Stahlblech großer Beliebtheit.

MOTO
GUZZI

52 Motozappa

Die Moto Guzzi für Gemüsebauern

Wer hätte gedacht, dass in den frühen 1960er Jahren neben Motorrädern wie Lodola oder Stornello auch ein mechanischer Pflug, ein kompakter Traktor oder eine mobile Wasserpumpe in den Verkaufsprospekten von Moto Guzzi zu finden waren? Denn nachdem die Geschäftsleitung festgestellt hatte, wie gut sich in Zeiten schleppender Motorradabsätze robuste Lastendreiräder wie das Ercole vermarkten lassen, fasste sie den Plan, unter dem Label »Moto Guzzi Agricoltura« auch Geräte für den landwirtschaftlichen Bereich zu entwickeln.

Für die Arbeit auf dem Feld hatten sich Schlepper und Motorhacken etabliert – kompakte Universalgeräte zum Pflügen, Säen, Hacken, Bewässern und Transportieren. Diese praktischen Maschinen für die vielen kleinen Landwirte und Privatgärtner in Italien müssten sich doch auch bei Moto Guzzi produzieren lassen, befanden die Entscheider an der Via Parodi in Mandello.

1960 präsentierte Moto Guzzi auf der Messe in Verona das Motozappa MZ 0 und das MZ 110 mit zusätzlichen Antriebsrädern. Für Vortrieb sorgte der auf 5 PS gedrosselte Zweitaktmotor der Zigolo 110. Die MZ 110 sah mit ihrer rundlichen Motorhaube ansprechend aus, wog 135 Kilogramm und konnte mit diversem nützlichem Zubehör ausgestattet werden – etwa einer Wasserpumpe, einem Mähwerk für Rasenflächen oder einem Anhänger, der sie in einen wendigen Einachsschlepper verwandelte. Ein kleiner Bruder folgte 1961, das einrädrige, krude wirkende Motozappa G2 mit dem 3,5 PS leistenden 49-ccm-Zweitakter des Dingo-Mofas. Als Abrundung nach oben erschien 1964 das »Motocoltivatore Universale« mit 12 PS starkem, aus der Schweiz zugekauftem F100-Viertakt-Einzylindermotor mit 486 ccm. 1966 endete Moto Guzzis landwirtschaftliches Abenteuer, die Produktion der drei Schleppertypen wurde eingestellt. Mit dem Konkurs der Marke und einer umgehenden Umstrukturierung der Modellpalette hatte »Moto Guzzi Agricoltura« ausgedient.

Das etwas andere Zweirad: Mit dem Motozappa 110 hatte Moto Guzzi ein universell einsetzbares Ackergerät im Programm.

53 Mechanisches Maultier

Kletterkünstler für die Gebirgstruppen

Ende der 1950er Jahre stand das italienische Verteidigungsministerium vor der spannenden Frage, wie man die bei den Gebirgstruppen bislang eingesetzten, mitunter etwas störrischen Esel durch ein motorgetriebenes Transportmittel ersetzen konnte. Mit der Vorgabe, enge, steile und unwegsame Maultierpfade bewältigen zu können, wandte sich das Militär an Moto Guzzi und bat um einen Lösungsvorschlag. Umgehend machte sich die Ingenieurmannschaft in Mandello an die Arbeit und präsentierte 1959 ein skurriles, dreirädriges Fahrzeug mit Allradantrieb, das »Autoveicolo da Montagna Tre-per-Tre«.

Das »Mulo Meccanico« verfügte über einen gebläsegekühlten 90°-V-Zweizylindermotor mit 750 ccm. Das hinter dem Sechsganggetriebe angeflanschte, manuell sperrbare Differenzial verteilte die Antriebskraft zu 80 Prozent auf die Hinterräder und zu 20 Prozent über eine Gelenkwelle auf das einzelne Vorderrad. Zum Anfahren in der Ebene genügte der dritte Gang; wenn es steil bergan ging, steigerten optional aufgelegte Ketten die ohnehin schon beachtlichen Kletterkünste. Zudem konnte unterwegs die Spurweite von 850 mm auf 1300 mm vergrößert werden. Moto Guzzi hatte ein hoch komplexes Fahrzeug entwickelt, das unter schwierigsten Bedingungen bis zu 500 Kilogramm Nutzlast befördern konnte und selbst vor nahezu senkrechten Steigungen nicht kapitulierte. Lediglich eine gewisse Neigung zum Kippen bei seitlichem Befahren extremer Gefälle führte das Konzept an seine Grenzen. Mehr als 400 Stück des »Mulo Meccanico« stellten die Alpini ab 1960 in Dienst, zwei Jahre später endete die Produktion. Oft wird der V2-Motor des Dreirads als Vorläufer des Motorradmotors der V7 700 bezeichnet. Da er jedoch völlig anderen Überlegungen folgte und kaum ähnliche Konstruktionsmerkmale aufwies, dürfte er bestenfalls als gedankliche Grundlage gedient haben.

Erst 1974 startete das Verteidigungsministerium erste Überlegungen, das 3x3 durch einen würdigen Nachfolger zu ersetzen, was 1979 mit dem Fresia F 18 – einer fahrbaren Transportplattform mit Allradlenkung – erfolgte.

Allradantrieb, variable Spurbreite und Differenzialsperren machten das Autoveicolo da Montagna zu einem komplizierten, aber effizienten Arbeitsgerät. Aufgelegte Ketten erhöhten die Steigfähigkeit erheblich.

596
MLX
SCUOLA
ALPINA
MOENA

54 Oldtimer ab Werk

Nuovo Falcone – die Neukonstruktion, die alles andere als neu wirkte

Ende der 1960er Jahre hatte sich der Motorradmarkt vollständig gewandelt. Solide Alltagsmotorräder waren nicht mehr gefragt. Aber als lässiger Freizeitgegenstand stand dem Motorrad eine neue Karriere bevor. Beliebt waren nun drehgierige Multizylindermotoren und poppige Farben. Mitten in diesem gewaltigen Umbruch präsentierte Moto Guzzi eine radikale Neukonstruktion, die wie ein Nutzkrad aus den 1950er Jahren wirkte. Zahmer Einzylindermotor mit gewaltiger Schwungmasse, konservatives Styling und beschauliche Fahrleistungen entsprachen keineswegs den Vorstellungen der neuen Motorradfahrer.

Doch wie war es zu dieser merkwürdigen Nuovo Falcone gekommen? Jahrzehntelang stellten die italienischen Behörden 500er-Einzylinder-Motorräder von Moto Guzzi in Dienst. Wegen ihrer Zuverlässigkeit standen Superalce und Co. bei Streifenpolizisten hoch im Kurs. Als 1967 die V7 erschien, fiel die gute alte Falcone aus dem Programm. Für viele Polizeiaufgaben erwies sich die dicke 700er jedoch als zu groß und zu teuer. Also machten sich die Ingenieure in Mandello an die Arbeit, einen Nachfolger für die Falcone zu kreieren. Anders als ihr Vorgänger setzte die neue Falcone auf Nasssumpfschmierung, gekapseltes Schwungrad und Vollnabentrommelbremsen. Doch ein modernes Motorrad war das Behördenkrad nun wirklich nicht geworden. Auch das von der Polizeimaschine abgeleitete Zivilmodell musste mit faulen 25 PS satte 220 Kilo Leergewicht beschleunigen.

1975, Motorräder verfügten mittlerweile über zwei, besser vier Zylinder, zwei Scheibenbremsen am Vorderrad und genauso viele oben liegende Nockenwellen, schob Moto Guzzi mit der »Sahara« eine besonders altmodische Variante der Nuovo Falcone nach. Die Sahara stammte von den rustikalen Behördenmodellen ab, sie war beige lackiert und überraschte mit Beinblechen und Opas Einzelsitzen. Nur wenige Käufer verstanden das Wüstenschiff, daher wurde der Verkauf bereits 1976 wieder eingestellt. Die Geschichte der 500-ccm-Einzylinder aus Mandello war damit beendet. Vielleicht hätte Moto Guzzi am liegenden Single festhalten und das Konzept modernisieren sollen. Denn als 1976 die Yamaha XT 500 erschien, waren die Motorradfahrer plötzlich begeistert von dem polternden Einzylindermotor …

Letztes Moto-Guzzi-Modell mit liegendem Einzylinder war die zünftige Sahara von 1975, eine Nuovo Falcone Militare für den Zivilgebrauch.

MOTO GUZZI
MOTO GUZZI

55 Badge Engineering

Gleichteilstrategie von Benelli und Moto Guzzi

Alessandro de Tomaso, der neue Hausherr von Moto Guzzi, hatte viel vor. Er wollte sich der japanischen Übermacht auf dem Motorradmarkt der 1970er Jahre entgegenstellen und mit seinen Marken Benelli und Moto Guzzi Großes erreichen. Sein Ziel war es, die Japaner mit ihren eigenen Waffen zu schlagen. De Tomaso beabsichtigte, moderne Multizylindermotoren mit italienischem Fahrwerksbau zu kombinieren. Dazu sollten die beiden Marken eng kooperieren und ähnliche Zwei- und Viertaktmotorräder unter dem jeweils eigenen Namen verkaufen. Die eher klassischen und aufwendig produzierten V-Zweizylinder aus Mandello wollten nicht so recht zu der Vision des Italo-Argentiniers passen. Daher bremste de Tomaso zugunsten seiner Japan-Offensive die Weiterentwicklung von V7 Sport, 750 S oder 850 T brutal ein.

Stattdessen platzierte er in der Modellpalette von Moto Guzzi diverse modische Typen, die es in ähnlicher Form auch bei Benelli aus Pesaro zu kaufen gab. Ab 1974 standen Zweitakter wie die 50-ccm-Kleinkrafträder Cross und Nibbio, das Minibike Magnum, die 125 Turismo und TT sowie die 250 TS in den Verkaufsräumen der Moto-Guzzi-Händler. Außerdem erhielten die Vierzylinder-Viertaktmodelle 254, 350 GTS und 400 GTS, die sichtbar von der Honda CB 500 Four beeinflusst waren, den Moto-Guzzi-Schriftzug. Zum Plan de Tomasos gehörte es ebenfalls, Motoren für die Modellpalette beider Marken im Werk Mandello del Lario fertigen zu lassen – also etwa auch den Sechszylinder-Motor der Benelli 750 Sei.

Keines der bei Benelli entwickelten Moto-Guzzi-Motorräder hinterließ einen bleibenden Eindruck oder verkaufte sich in akzeptablen Stückzahlen. Offensichtlich verfügten sie weder über einen ausgeprägten eigenen Charakter, noch unterschieden sie sich signifikant von ihren japanischen Vorbildern. Zähneknirschend musste de Tomaso einsehen, dass Moto-Guzzi-Fahrer solide Zweizylinder-Tourer oder knorrige V2-Sportler bevorzugten. Denn 850 T3, 850 Le Mans, T3 California und auch die kleinen V 35/V 50 verkauften sich auch international prächtig. So endete das Guzzi-Benelli-Experiment Anfang der 1980er Jahre mit einem blauen Auge.

Neue Seitendeckel und ein rundlicher Tank mit Moto-Guzzi-Schriftzügen – schon war 1974 aus der Benelli 250 2C (kleines Bild) die Moto Guzzi 250 TS entstanden.

MOTO GUZZI
250 TS
Benelli

56 Le Mans CX 100

Der 1000-ccm-Sportler für den US-Markt

1978 hatte Moto Guzzi die schlanke 850 Le Mans durch die vollverkleidete Le Mans II ersetzt. Die zweite Auflage wurde mit dem Sportmotor der Urversion bestückt – mit größeren Ventilen, 36er Dell'Orto-Vergasern und leichterer Schwungscheibe – und erzielte ähnliche Fahrleistungen. Als typisch italienisches Sportmotorrad jener Ära verzichtete sie auf einen effizienten Luftfilter sowie auf eine umweltgerechte Kurbelgehäuseentlüftung und war mit 10,2:1 zu hoch verdichtet für den Betrieb mit niederoktanigem Benzin.

Allerdings wurde speziell in den USA die Abgasgesetzgebung zunehmend rigide, und die EPA (United States Environmental Protection Agency) forderte strengere Emissionswerte für Motorräder. Diese einzuhalten schien mit dem vorhandenen Sportmotor kaum möglich, ohne massive Leistungseinbußen in Kauf nehmen zu müssen. Da außerdem US-amerikanische Motorradfahrer traditionell der Meinung waren, dass Hubraum durch nichts zu ersetzen sei, forderte die Berliner Motor Corporation als Moto-Guzzi-US-Importeur eine Le Mans mit »cleanem« 1000-ccm-Motor – die dann auch im Hubraum mit der BMW R 100 RS konkurrieren könnte.

Moto Guzzi in Mandello del Lario hatte eine unkomplizierte Lösung parat, lag doch der zahme Tourenmotor aus der 1000 SP, der G5 und der I-Convert im Regal. Also kombinierten die Techniker simpel wie effizient das komplette Le-Mans-II-Fahrgestell mit dem 949-ccm-Motor und schufen so die CX 100. In Kombination mit einem Luftfilterkasten, in den die Kurbelgehäuseentlüftung geführt wurde, 30-mm-Dell'Orto-Vergasern und einem niedrigen Verdichtungsverhältnis von 9,2:1 bestand das Triebwerk die Anforderungen der EPA. Weitere Unterschiede der CX 100 zur Le Mans II für Europa waren der Sealed-Beam-Scheinwerfer und das Zifferblatt des Tachos mit maximal 80 mph.

Die 1979 für 4949$ angebotene US-Mixtur aus Le Mans II und 1000 SP wurde nur 353 Mal gebaut. Bei einem Punkt allerdings mussten sich die amerikanischen »Bigger is Better«-Biker eines Besseren belehren lassen: Trotz höheren Hubraums leistete das touristisch ausgelegte Triebwerk der CX 100 mit 61 PS exakt 10 PS weniger als der spritzige Sportmotor der Le Mans II.

Le Mans II mit 1000 Kubik: Amerikanische Le-Mans-Interessenten erfuhren aus der Moto-Guzzi-Werbung nichts vom exklusiven Motortausch für den US-Markt.

A Masterpiece Of Elegance And Craftsmanship

MOTO GUZZI

1000 Le Mans

Polycarbonate shatter-proof smoke-colored screen

Comprehensive instrument panel containing speedometer with tripmeter tachometer, quartz clock, voltmeter, oil pressure light, high beam and parking lights indicator and hazard warning lights and brake oil warning light

Fluorescent strip for improved recognition

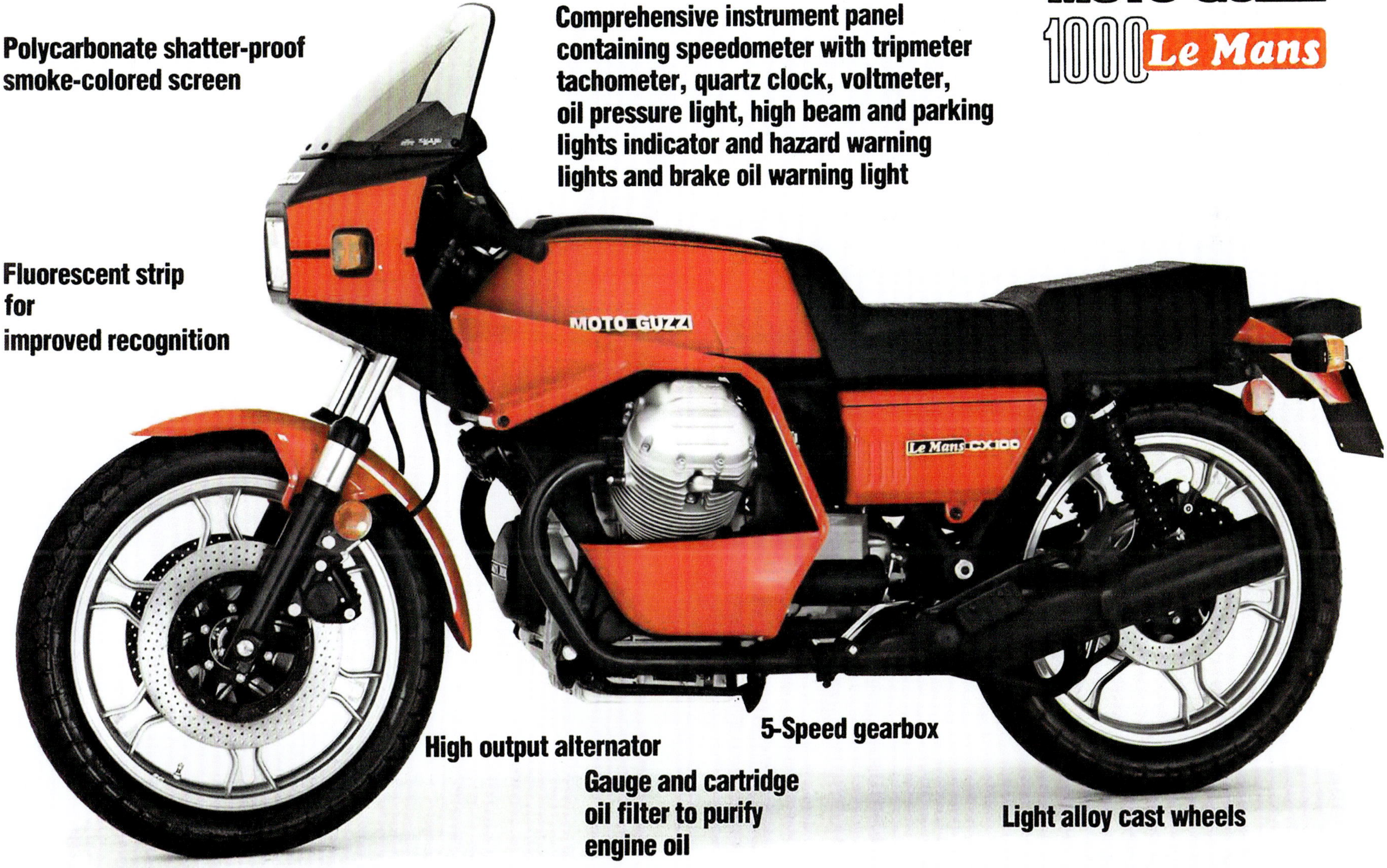

High output alternator

5-Speed gearbox

Gauge and cartridge oil filter to purify engine oil

Light alloy cast wheels

Twin front and single rear discs made from cast iron and drilled to improve thermal efficiency and water dispersal

Premier Motor Corporation, Hasbrouck Heights, N.J. 07604

An organization that offers over 45 years of motorcycle experience and maintains a national dealer network and a constant flow of genuine spare parts.

57 Die Hunter-Drohne

Fluggerät mit Moto-Guzzi-Power

Bekanntermaßen ist Moto Guzzi ein Motorradhersteller. Eigentlich. Denn im Laufe der Geschichte der Firma vom Comer See wurden immer wieder auch Produkte für die militärische Anwendung hergestellt, etwa Anfang der 1990er Jahre. Als die israelische Firma IAI Malat Division, die in Kooperation mit der amerikanischen Firma Northrop Grumman die Hunter-Drohne entwickelte, nach Einbaumotoren anfragte, erklärte sich Moto Guzzi bereit, entsprechende Triebwerke zu liefern. Das Team um Umberto Todero konstruierte ein flugtaugliches Aggregat auf Basis der kleinen V2-Motorradmotoren mit 750 ccm, halbkugelförmigen Brennräumen und kurzhubiger Auslegung (Bohrung/Hub 82 x 71 mm). Auch ein Untersetzungsgetriebe für den Antrieb eines Propellers wurde entwickelt.

Die Northrop Grumman RQ-5 Hunter sollte eine Höchstgeschwindigkeit von 200 km/h erreichen, nicht mehr als 800 Kilogramm wiegen und eine Reichweite von etwa 125 km bieten. Für den Einbau in das unbemannte Fluggerät waren daher zwei Motoren vorgesehen, einer vorne und einer hinten am Rumpf. 1994 startete die erste seriell gefertigte Hunter zum Probeflug. Die kleinen Überwachungsdrohnen ließen sich sehr einfach bedienen und erinnerten in der Handhabung an große, funkgesteuerte Modellflugzeuge. Ausgestattet mit Video- und wärmeempfindlichen Infrarotkameras konnten die Hunter niedrig und langsam über Ziele fliegen und Bilder in Echtzeit an den Armeestützpunkt senden – ohne einen Piloten zu gefährden. Die Drohnen wurden nicht nur von den Vereinigten Staaten und von Israel eingesetzt, auch Belgien, Frankreich und die Armee der Elfenbeinküste vertrauten auf die Kraft von zwei V2-Motoren. Insgesamt entstanden 75 Stück der Drohne.

Auch in anderen Luftfahrzeugen fanden Moto-Guzzi-Motoren Verwendung, etwa Ende der 1990er Jahre in zivilen Hummel-Bird-, in Pinnochio- oder MC-30-Luciole-Ultralight-Tiefdeckern. Für Flugzeug-Bausätze bot die polnische Firma Aerotech sogar eine Propeller-Drehzahlreduktionseinheit zum Anbau an Moto-Guzzi-Motoren mit 650 bis 1100 ccm an.

Steuern, starten, instand halten, Fotos auswerten: Zum Betrieb der Hunter-Drohnen waren bis zu 30 Personen erforderlich.

NO HAND HOLD
342

58 Fabeltier

V 10 Centauro – Sportler, Cruiser oder Musclebike?

Zum Modellprogramm von Moto Guzzi zählten Mitte der 1990er Jahre bequeme Cruiser (Nevada, California), gewaltige Reiseenduros (Quota) und elegante Sportler (1100 Sport, Daytona). Mit Nakedbikes indes konnte die Adlermarke nicht dienen. Also beauftragte Moto Guzzi 1996 den Designer Luciano Marabese mit der Gestaltung eines unverkleideten Motorrads auf Basis der Daytona. Pünktlich zum 75-jährigen Jubiläum präsentierte der Mailänder Formgestalter seine Vision eines modernen Motorrads, die V 10 Centauro. Marabese hatte ein seltsames Mischwesen aus brutalem Musclebike, barockem Cruiser und sehnigem Sportler entworfen, das in seiner Andersartigkeit polarisierte und nicht von jedem Motorradfahrer verstanden wurde. Die opulent geformten Karosserieteile inklusive Benzintank bestanden aus Kunststoff, während der Rahmen im »Dr. John«-Stil von der sportlichen Daytona RS stammte. Die Upside-down-Gabel und das liegend montierte Zentralfederbein steuerte die Firma »White Power« bei.

Auch der mit einer Kraftstoffeinspritzung bestückte Vierventilmotor hatte seinen Ursprung in der dynamischen Daytona. Aus 992 ccm schöpfte der V2 beeindruckende 95 PS, leistete sich aber eine Drehmomentschwäche im mittleren Drehzahlbereich. Ebenfalls sportlich fiel die Sitzposition der Centauro aus – weit vom Lenker entfernt und mit stark angewinkelten Beinen. Als Centauro Sport erhielt die Maschine eine kleine lenkerfeste Verkleidung und eine Sonderlackierung. Ein Bugspoiler und Kohlefaser-Endschalldämpfer waren als Extras lieferbar. Obwohl das 243 Kilogramm schwere Zwitterwesen – laut Modellbezeichnung halb Mensch, halb Pferd – ein fabelhaftes Landstraßenmotorrad war, blieb der Erfolg, den sich Guzzi erhofft hatte, aus. Das ungewöhnliche Design aus dem Studio Marabese hatte daran sicher einen großen Anteil.

Opulentes Heck, barocke Formen: Das Studio Marabese hatte für die V 10 Centauro eine einzigartige Formensprache entwickelt.

V10 CENTAURO

MOTO GUZZI

59 Kunstwerk MGS-01

Die stärkste Serien-Moto-Guzzi aller Zeiten

Mit der MGS-01 Corsa stellte Moto Guzzi 2004 ein Sportmotorrad vor, das von den Fans sehnsüchtig erwartet wurde. Ein Motor mit mächtigen 1225 ccm, ein gleichsam handliches wie stabiles Fahrwerk und eine Optik zum Niederknien. Doch die MGS-01 hatte einen entscheidenden Haken: Sie war nur als Rennmaschine – ohne Straßenzulassung – erhältlich! Wie war es zu diesem kuriosen Ausnahmemotorrad, diesem fulminanten Stück Motorradkunst, gekommen?

Im Frühjahr 2002 beschlossen Moto-Guzzi-Chef Brovazzo und Eigner Ivano Beggio, einen ernst zu nehmenden Sportler für die Straße zu bauen. Kurzerhand wurde der damals 35-jährige Giuseppe Ghezzi, der bereits bei Ghezzi & Brian mit außergewöhnlichen Schöpfungen aufgefallen war, angeheuert, um in nur acht Monaten bis zur Intermot in Köln ein passendes Gefährt zu bauen. Zunächst widmeten sich Ghezzi, der erfahrene Techniker Umberto Todero sowie zwei Aprilia-Testfahrer dem Fahrwerk. Ein kurzer Radstand konnte erzielt werden, indem die Schwinge direkt im hinteren Getriebedeckel gelagert wurde. Oz-Schmiederäder, eine USD-Gabel von Öhlins und Brembo-Bremsen vervollständigten das dynamische Paket. Zeitgleich wurde der Motor konstruiert. Der fast 80-jährige Todero hatte viele hilfreiche Ideen und tüftelte bis spät in die Nacht auf dem Werksgelände, wo Ghezzi eine kleine Werkstatt eingerichtet hatte. Auf Basis des von Dr. John initiierten 1000er-Vierventilers entstand unter Zuhilfenahme von Cosworth-Kolben ein 1225-ccm-Kraftpaket. Designer Alberto Capella zeichnete unterdessen die Entwürfe für Verkleidung, Tank und Sitzbank. 2003 folgten erste Praxistests in Mugello, Rijeka und Misano, nach denen die Geometrie des Rahmens vier Mal geändert wurde. Pünktlich zur Intermot konnte die MGS-01 präsentiert werden.

Piaggio als neuer Besitzer von Moto Guzzi wollte die Marke gegen Harley-Davidson positionieren. Damit passte die sportliche MGS-01 nicht mehr ins Programm. Da sie jedoch fertig entwickelt war, entschied Piaggio-Chef Roberto Colaninno, die Maschine ab 2004 lediglich als reine Rennmaschine anzubieten. Um die Enttäuschung der Sportfahrer zu lindern, bauten die Moto-Guzzi-Tuner Roland Däs und Joachim Hökenschnieder in Kleinserie eine Straßenversion der MGS-01. Mit legalen 124 PS und 114 Nm fanden ein paar Exemplare der stärksten Moto Guzzi aller Zeiten so doch noch ihren Weg auf die Straße.

Lediglich 192 Kilo brachte die MGS-01 auf die Waage. Im Verbund mit dem 1225-ccm-Vierventilmotor waren erstaunliche Fahrleistungen möglich.

MGS-01 CORSA
MOTO GUZZI
GUZZI
MICHELIN Pilot

60_ Fliegende Festung

Batwing-Suit für die MGX-21

In US-amerikanischen Custom-Garagen entstanden in den 2010er Jahren immer extremere Tourenbikes, ausgestattet mit riesigen Vorderrädern, schwungvoll integrierten Koffern und flachen Verkleidungsscheiben. Zunächst als Custom-Trend geboren, tauchten diese »Bagger« als Serienbikes nach und nach in den Preislisten der großen Motorradhersteller auf. So folgten auf die Harley-Davidson Street Glide die Honda Gold Wing F6B und die BMW K 1600 B.

Miguel Galluzzi, Chef des Piaggio Advanced Design Centers in Pasadena, ist bekannt dafür, Trends in den USA zu beobachten und gegebenenfalls aufzugreifen. Bereits 2014 arbeitete er an einem Projektbike, das während einer Promotion-Tour durch die Vereinigten Staaten für Aufmerksamkeit sorgen sollte. Er entwickelte eine MGX-21 »Flying Fortress« getaufte Studie auf Basis der Audace als avantgardistischen Bagger. Er verbaute ein 21-zölliges Scheibenrad, integrierte schlanke Heckkoffer und eine flache, fledermausartige Tourenverkleidung. Über sämtliche Bodyparts zog sich eine schwarz schimmernde Carbon-Haut. Kein anderer Motorradhersteller hatte seinen Bagger so konsequent gestaltet wie Galluzzi die MGX-21.

Als die Studie des Baggers auf der Mailänder Messe 2015 dem staunenden Publikum präsentiert wurde, glaubte niemand an eine Serienproduktion. Doch wider Erwarten ließ Piaggio-Vorstand Roberto Colaninno kurz darauf die Entwicklung eines entsprechenden Serienmotorrads vorantreiben. Rund 98 Prozent konnten vom Concept-Bike übernommen werden. Einige Details wie die Soundanlage oder Öffnungen im Vorderrad waren Vorgaben von der Produktionsseite. Ab 2016 konnte die MGX-21 bei jedem Moto-Guzzi-Vertragshändler bestellt werden. Die Überraschung war perfekt: Niemand hätte dem Traditionshersteller vom Comer See ein derart mutiges Motorrad zugetraut. Und kaum ein Motorrad polarisierte mehr als der mutig gestylte Bagger aus Mandello del Lario.

1,4 Liter Hubraum: Die ausschließlich in Schwarz/Carbon erhältliche MGX-21 wurde vom größten V-Twin Europas angetrieben.

MGX21
brembo

Als Ausrüster von Polizei, Carabinieri, Militär und anderen Dienststellen bot Moto Guzzi von unterschiedlichsten Modellen spezielle Behördenversionen an – hier 850 T5 und NTX 750.

BEHÖRDEN

CARABINIERI
POLIZIA
MINISTERO DELL'INTERNO
POLIZIA DI STATO

Funkgerät und Blaulichter: Auch die luxuriöse California 1100 EV erhielt ab Werk ein Kleid im Behördenlook.

POLIZIA STRADALE
POLIZIA
MOTO GUZZI
POLIZIA STRADALE

61 Im Dienst der Polizei

Mit Windschild, Funkgerät und Blaulicht

Polizei und Carabinieri in Italien vertrauten seit den 1920er Jahren auf Motorräder unterschiedlicher Hersteller. Neben Modellen von Gilera wurden Typen von Bianchi, Benelli, Frera, Sertum oder CM eingesetzt. Aber auch ausländische Fabrikate von Puch, BMW, Harley-Davidson, Ariel, Norton oder Triumph fanden Verwendung. Ab 1932 begann jedoch unaufhaltsam der Aufstieg von Moto Guzzi als Ausrüster Nummer eins. Mit GT 17, Alce und Superalce entwickelten die Ingenieure in Mandello spezielle Behördenmodelle, die landesweit den Polizeidienst antraten.

Auch die von den zivilen Versionen abgeleiteten Airone und Falcone Militare, Lodola sowie Stornello kamen bei der Ordnungsmacht hervorragend an. Hätte der italienische Staat in den 1960er Jahren nicht regelmäßig größere Stückzahlen der Falcone geordert, wäre die Fertigung der 500er vermutlich längst eingestellt worden. Als das Innenministerium 1963 ein Ausschreibungsverfahren für ein modernes Polizeimotorrad eröffnete, legten sich neben Moto Guzzi auch Gilera, Laverda, Ducati, Benelli und MV Agusta ins Zeug. Gefordert wurden eine Dauerhaltbarkeit von 100.000 Kilometern, eine doppelt so hohe Leistung wie bei der Falcone und eine ausreichend dimensionierte elektrische Anlage. Moto Guzzi, dringend auf einen lukrativen Behördenauftrag angewiesen, präsentierte 1966 mit der V7 700 ein perfektes Polizeimotorrad, das sämtliche Mitbewerber ausstach und die Ausscheidung für sich entschied.

Dank der robusten V2-Modellreihe entwickelte sich Moto Guzzi zu einem der bedeutendsten Behördenausrüster der Welt. Rund um den Globus dienten die V7 und ihre Derivate als solide Dauerläufer, wurden als Behördenversion in der Türkei, den Niederlanden, in Jugoslawien, Kuba, Finnland, Norwegen, Frankreich, Uruguay, Mexico, Libyen, Ägypten oder im Kongo eingesetzt. Die Eldorado Police eroberte die gesamten Vereinigten Staaten, 850-T3 Police, V 1000 I-Convert, 850-T5 oder California 1100 erfreuten sich großer Beliebtheit bei internationalen Polizeidienststellen. Nach unten abgerundet wurde das Angebot mit der Nuovo Falcone 500. Mit Erscheinen der kleinen V-Motoren begaben sich auch V 50 PA, V 65 Florida, Breva V 750 oder 750 NTX XPA umgehend in den Staatsdienst.

In den frühen 1970er Jahren bestand die Motorradpalette der Stadtpolizei von Triest aus Moto Guzzi V7 700 (vordere Reihe), Nuovo Falcone 500 und Vespa-Rollern.

COMUNE TRIESTE
POLIZIA URBANA

62 Wehrtauglich

Moto Guzzi im Kampfanzug

Bereits in den 1930er Jahren orderte das italienische Militär neben Motorrädern von Gilera oder Bianchi größere Stückzahlen der 500-ccm-Einzylinder von Moto Guzzi. In Mandello hatte man mit GT 17 und Alce die ersten reinen Behördenkräder hergestellt, die sich auch bei härtesten Einsätzen, etwa in der Wüste Libyens, bewährten. Nach dem Zweiten Weltkrieg folgten Superalce mit ohv-Motor und Falcone Militare, mit denen Moto Guzzi seinen Stand als größter Ausrüster der italienischen Streitkräfte verteidigte. Ab Ende der 1960er Jahre orderte das Militär V7 700 und Stornello, wenige Jahre später außerdem die Nuovo Falcone.

Eine besondere Version für den militärischen Einsatz stellten die V 50 M und die davon abgeleitete V 50 NATO dar. Basierend auf der zivilen V 50 III erhielt das Motorrad für den Wehrdienst diverse technische Anpassungen, die es so bei keiner anderen V2-Moto-Guzzi gab. Die 500-ccm-Motoren der olivgrün lackierten Maschinen vertrugen dank der auf 7,6:1 reduzierten Verdichtung und kleinerer Ventile auch minderwertigen Treibstoff. Die Endübersetzung wurde angepasst und das Fünfganggetriebe mit einem praktischen, unterhalb des Antriebsaggregats angebrachten Kickstarter ausgestattet. Da die Leistung auf 34 PS zurückgenommen wurde, sank die Höchstgeschwindigkeit auf 120 km/h.

Die 1981 für den Ordnungs- und Truppendienst bei der Königlich Niederländischen Armee sowie für die Militärpolizei angeschafften V 50 NATO stammten von der V 50 III ab, wurden aber mit Benzintank und den übrigen Anbauteilen des Vorgängermodells bestückt. Frontverkleidung, Einmannsattel, Tarnleuchten und Lederpacktaschen der Brabanter Firma De Buffel rundeten die Ausstattung der V 50 NATO ab. Über 1300 der militärischen 500er traten ihren Dienst in den Niederlanden an. Erst im April 2004 löste die KTM LC4 400 bzw. bei der Militärpolizei die BMW K 1100 LT die tapferen Guzzis ab.

Guzzi-V2 mit Kickstarter: Die V 50 NATO stand über zwanzig Jahre lang im Einsatz der Königlich Niederländischen Armee.

MOTO GUZZI
V 50

___ 2012 orderte der König von Jordanien Abdullah II. 24 spezielle California Vintage für seine Staatseskorte, sechs davon mit Seitenwagen. Der neu gestaltete Benzintank des glamourösen Sondermodells verzichtete auf die typische Tropfenform.

63 Corazzieri

Eskorte für den Staatspräsidenten

Den wohl repräsentativsten Auftrag für ein Motorrad stellt der Einsatz als Eskortenmotorrad dar. Traditionell setzt die Leibgarde des italienischen Staatspräsidenten, das Corazzieri-Regiment in Rom, auf Modelle von Moto Guzzi. Die Corazzieri sind für die Sicherheit und die Unversehrtheit des italienischen Staatspräsidenten verantwortlich und dienen als offizielle Eskorte zu Pferde oder Motorrad bei Staatsbesuchen. Ende der 1940er Jahre hatten Pferde als alleiniges Transportmittel ausgedient. Das Motorrad bot sich als adäquater Ersatz für die Eliteeinheit an. So erwarb das Regiment als erste Motorräder nach dem Zweiten Weltkrieg einige Moto Guzzi Superalce. In den 1950er Jahren orderten die Corazzieri unterschiedliche Modelle der Falcone. Die Ausführung ab 1957 wurde mit Elektrostarter sowie tief heruntergezogenen Schutzblechen speziell auf die Bedürfnisse der Leibgarde abgestimmt. Doch auch diese pompösen Einzelstücke erfüllten bald nicht mehr die Anforderungen der Paradefahrer. Ein Offizier der Corazzieri brachte es Mitte der 1960er Jahre auf den Punkt: »Unsere Pferde holen wir aus der Normandie, weil ein Zwei-Meter-Mann ein stattliches Pferd haben muss. Aber auch unsere Motorräder müssen diesen Ansprüchen genügen.« Erst die V7 700 bot mit ihrer beeindruckenden visuellen Erscheinung den nötigen Glanz für Paraden. Mitte März 1968 erhielten die Corazzieri 37 Eskorten-V7. Diese dunkelblau lackierten 700er überzeugten mit riesigen Beinschilden und weit heruntergezogenen Schutzblechen.

Als 1975 die V 1000 I-Convert erschien, war sie wie geschaffen für die Anforderungen des Corpo Corazzieri. 24 I-Convert mit serienmäßigem Zweigang-Automatikgetriebe ermöglichten stressfreies Fahren im Schritttempo. 1985 folgten 20 Exemplare der California II – ebenfalls mit Automatikgetriebe. Als Ersatz diente Anfang der 1990er Jahre die California 1100i. Trotz positiver Erfahrungen mit der Automatik kehrte man nun zum Schaltgetriebe zurück. 2002 wurden die 1100i von 20 Fahrzeugen der California Vintage mit rechteckigen Blaulichtern ersetzt. Nach einem kurzen Intermezzo mit BMW R 850 RT kehrte das Regiment im Mai 2016 zu Moto Guzzi zurück. Seither verrichten 20 California 1400 Touring ihren repräsentativen Dienst bei den Corazzieri und setzen damit eine lange Tradition fort.

Anno 1968: Auf ihren speziell ausgestatteten V7 700 geleitet die Präsidentengarde hohen Staatsbesuch durch die Straßen von Rom.

64 Highway Patrol

Die ersten nicht-amerikanischen Police Bikes in den USA

Unmittelbar nach Präsentation der V7 700 auf dem amerikanischen Markt hatte Bob Blair, Inhaber des US-Westküsten-Vertriebs ZDS Motors, eine clevere Geschäftsidee. Er plante, den zuverlässigen Tourer dem Los Angeles Police Department anzubieten, als Ersatz für die seit vielen Jahren eingesetzten Harley-Davidson FLH. Es erwies sich als durchaus kompliziert, einen Fuß in die US-Behörden setzen zu können. Bereits andere Hersteller hatten versucht, ihre Motorräder bei der Polizei-Division zu platzieren. Jedoch hatte es bislang nicht ein ausländisches Angebot bis ins Ausschreibungsstadium geschafft – sämtliche Motorräder waren für die Einkäufer des LAPD zu wenig Polizeimotorrad. Außerdem verbot ein kalifornisches Gesetz den Behörden, ausländische Fahrzeuge anzukaufen.

Weil Harley-Davidson Ende der 1960er Jahre mit ernsthaften Qualitätsproblemen zu kämpfen hatte und das Los Angeles Police Department wegen unzähliger defekter Motorräder mächtig unter Druck stand, durfte sich Blair dennoch eine Chance ausmalen. Folglich reiste die ZDS-Crew nach Mandello, um die Entwicklung einer US-Polizeimaschine voranzutreiben. So entstanden zunächst zwei entsprechend ausgerüstete V7 700, die ZDS dem LAPD zur Verfügung stellte – zum Kaufpreis von einem Dollar pro Maschine. Schnell wurde offensichtlich, dass die Guzzi wendiger und zuverlässiger war als die 1200er Harley. 1969 folgten weitere Anpassungen an die Wünsche der Behördeneinkäufer – etwa Trittbretter, Blinker der US-Marke Dietz und der stärkere 750-ccm-Motor. Im gleichen Jahr beschloss das Polizei-Management den Ankauf von zehn V7 Ambassador, den ersten nicht-amerikanischen Polizeimotorrädern landesweit, was eine große Strahlkraft auf andere Polizeidienststellen in ganz Amerika hatte.

So schrieben die ersten US-Police-Motorräder von Moto Guzzi Polizeigeschichte. Sie ermöglichten den Nachfolgemodellen – Eldorado, I-Convert oder California III – den Eintritt in den Polizeidienst und Herstellern wie Kawasaki oder BMW, den Behörden-Markt in den USA zu erobern. Und weil ein Motorrad, das sich bei der Highway Patrol bewährt, auch im Zivilleben kein Fehler sein kann, entwickelte sich speziell die V 850 Eldorado zu einem Bestseller auf dem US-Motorradmarkt.

Zuverlässig, wartungsarm, bequem und stattlich: Vor allem die V 850 Eldorado war bei den Polizeidienststellen in den USA äußerst beliebt.

MOTOROLA
MOTO GUZZI
Eldorado

Der Windkanal im Moto-Guzzi-Werk diente vor allem zur Optimierung der Aerodynamik der Rennmaschinen.

FABRIKATION

108

65 Mandello del Lario

Eine Reise in den Kosmos der Marke Moto Guzzi

Bei der Frage, welcher Ort wohl am intensivsten mit seiner Motorradmarke verbunden ist, in welcher Gemeinde sich die Leidenschaft zu einem Motorradhersteller am ehesten spüren lässt, stehen Bologna, Hinckley oder Milwaukee eindeutig in der zweiten Reihe. Denn Mandello del Lario ist ein Ort wie kein anderer. Dort, wo die industrialisierte Poebene endet und sich das Panorama der Alpen öffnet, befindet sich das Moto-Guzzi-Hauptquartier. In den Bars hängen alte Rennfotos, die Schaufenster sind geschmückt mit Motorraddevotionalien – egal ob Schuster oder Frisör. Und tatsächlich leben die Protagonisten von Moto Guzzi hier oder in den Nachbardörfern: V8-Ingenieur Cantoni, Club-Vorsitzender Mario, Testfahrer Cecco. Dann Pino, Sohn von Cheftechniker Umberto Todero, Rennfahrer Alfio und unzählige andere Fabrikarbeiter. Das Herz fast aller Einwohner des 10.000-Einwohner-Ortes am östlichen Ufer des Comer Sees schlägt für ihre Marke.

Mitte der 1950er Jahre produzierten in den gelb getünchten Hallen 1600 Arbeiter jährlich 34.000 Motorräder. Zehn Jahre später sank die Fertigung um 90 Prozent auf kaum 3500 Stück. Heute arbeiten in den historischen Gemäuern nur noch 100 Leute. Das Ziel geringerer Fertigungstiefe ist erreicht: Viele Komponenten kommen von Zulieferern. Im Norden des weitläufigen Geländes steht eine hochmoderne Fertigungsanlage mit drei Fließbändern. Die in einem separaten Hallenkomplex gefertigten Motoren und Getriebe werden per Kleintransporter angekarrt. Dagegen stehen die alten Gebäude, teils aus den Zwanzigerjahren, weitgehend leer. Doch genau hier befindet sich die gesammelte Tradition der Marke in Form des alten Windkanals, des verstaubten Werksarchivs und des tollen Museums. Alles ist noch vorhanden, liegt nur im Dornröschenschlaf.

Der Ort Mandello ist eine beschauliche Kleinstadt. Mitten im Ortskern, in dem alleine vier Motorradgeschäfte Ersatzteile für alte und neue Guzzis anbieten, baute Moto Guzzi in den goldenen Jahren Firmenwohnungen für Arbeiter, betrieb einen eigenen Lebensmittelmarkt sowie Sportvereine wie den Kanu-Club. Auf dem zentralen Platz am Rathaus steht seit 2011 ein Denkmal von Carlo Guzzi, dem Firmen-Mitbegründer. Der hatte dort, wo heute V85TT und V7 entstehen, bereits 1921 die »Tipo Normale« gefertigt. Nicht in Mailand und schon gar nicht irgendwo in Asien. Denn ohne Mandello wäre Moto Guzzi kaum denkbar.

Mandello del Lario ist weit mehr als die Produktionsstätte von Moto Guzzi. Der Ort am Comer See brennt für seine Marke.

LINEA 1
STELVIO
NORGE
VUOTI

66 Immer im Kreis

Die hauseigene Teststrecke

Noch bevor die Produktionshallen im Norden des Moto-Guzzi-Werks errichtet wurden, entstand Mitte der 1950er Jahre auf dem Areal eine kleine Einfahrbahn zum Testen und Einfahren neuer Motorräder. Das etwa 400 Meter lange, asphaltierte Oval wurde von drei Seiten innerhalb der Werksmauern begrenzt – vom Felsmassiv, dem örtlichen Friedhof und der Via Baraggia, der Verbindungsstraße zwischen dem Ortskern und dem höher gelegenen Stadtteil Maggiana. Leicht erhöhte Kurven erlaubten eine zügige Fahrweise, was zum Erproben der nicht übermäßig leistungsstarken Serienmotorräder der frühen Nachkriegsära durchaus ausreichte. Tests bei Höchstgeschwindigkeit und mit Rennmotorrädern wurden hingegen auf Rennstrecken durchgeführt, etwa im nahen Monza. Wer zu den neuen Hallen innerhalb der Bahn gelangen wollte, konnte einen Tunnel benutzen. Unmittelbar an der Strecke unter einem Vordach wurden nach einigen Jahren eine Tankstelle und ein Rollenprüfstand installiert. Die Werkstatt der Testfahrer befand sich ebenfalls direkt am Oval und hatte einen eigenen Zugang.

Auch als in den 1960er Jahren mit der Einführung der V7 die Motorräder schneller wurden, diente die Strecke noch immer zur Ausübung von Fahrtests. Doch schon bald wurde die Bahn zu eng, zu kurz und zu gefährlich. Aussagekräftige Tests mussten auf Rennstrecken und öffentlichen Straßen unternommen werden. Für interne Zwecke blieb die Bahn bis in die 1990er Jahre befahrbar und existiert in diesem Zustand noch heute. Nachdem im Inneren der Strecke neue Produktionshallen errichtet wurden, erfüllt das Oval nur noch An- und Abfahrtszwecke und erinnert an eine Zeit, als schnelle Straßenmotorräder gerade einmal 130 km/h fuhren.

Auch die rund 160 km/h schnelle V7 700 wurde 1968 noch auf der hauseigenen Teststrecke erprobt.

Werksverkehr: Ein Servicemitarbeiter kümmert sich um eine Nuovo Falcone Civile.

MOTO
SERVIZIO

67 Luftschutzbunker

Tunnelsystem im Felsmassiv

Unmittelbar unterhalb der beiden Gipfel des Grigna-Massivs, eng an den Berg geschmiegt, liegt die Produktionsstätte von Moto Guzzi. Was 1921 noch aus einem einzelnen Büro- und Fabrikationsgebäude bestand, wuchs bereits in den 1930er Jahren zu einem ausladenden Komplex ineinander verschachtelter Hallen heran, die bis an den Fels an der Ostseite des Geländes heranreichen.

Da Moto Guzzi im Zweiten Weltkrieg Militärmotorräder, Lastendreiräder, Aggregate und anderes Kriegsgerät fertigte, galt das Werk bei den Alliierten als Rüstungsbetrieb. Außerdem wurden bei Moto Guzzi Wartungs- und Reparaturarbeiten an Armeefahrzeugen für die in der Schule von Molina, einem Ortsteil von Mandello del Lario, stationierte deutsche Wehrmacht durchgeführt. Damit stieg die Gefahr von Bombenangriffen beträchtlich. Die Geschäftsleitung beschloss daher, eine Bunkeranlage in die nahe Felswand graben zu lassen, in der Werksangehörige und wichtige Güter Schutz vor Luftangriffen finden konnten. Der kompakte, ringförmig angelegte Tunnel im südlichen Bereich der Fabrikationsanlage verfügte über Stehhöhe, einen Querstollen und zwei separate Ausgänge – in etwa wie ein langgezogener Buchstabe »A«, bei dem die unteren Teile die beiden Eingangspforten darstellen. Für alle der rund 750 zu Kriegszeiten im Werk angestellten Arbeiter reichte der Platz im steinernen Schutzraum jedoch kaum aus.

Da die Moto-Guzzi-Fabrik im Krieg nie aus der Luft angegriffen wurde, blieb die unterirdische Anlage weitgehend ungenutzt. Sie diente in der Nachkriegszeit als Lager für Schmierstoffe und weniger wichtige Ersatzteile. Heute ist der Stollen mit einem Gitter verschlossen und erinnert an eine Zeit voller Unsicherheit und Gefahr.

Einer der beiden Eingänge zum Luftschutzbunker auf dem Werksgelände in Mandello del Lario.

68 Galleria del Vento

Moto Guzzi – der erste Motorradhersteller mit eigenem Windkanal

Für Carlo Guzzi war bereits kurz nach dem Zweiten Weltkrieg klar, dass die aerodynamische Formgebung und der verbesserte Windwiderstand zu den wichtigsten Aufgaben bei der Entwicklung zukünftiger Rennmotorräder zählen würden. Also beschloss er nicht nur den Bau von zwei Kraftwerken sowie einer Tankstelle innerhalb der Fabrik, sondern auch die Entwicklung eines eigenen Windkanals. Carlos Bruder, Giuseppe »Naco« Guzzi, entwarf die beeindruckende Anlage, die am 22. Juni 1950 am südlichen Ende des Firmengeländes fertiggestellt wurde. Ein riesiger, zunächst von einem 800 PS starken 12-Zylinder-Fiat-Benzinmotor, später von einem mächtigen Elektromotor angetriebener Propeller ließ den Wind mit bis zu 225 km/h durch einen kreisförmigen Querschnitt mit einem Durchmesser von 2,60 Metern blasen. Somit war Moto Guzzi die erste Motorradfirma mit eigenem Windkanal weltweit und außerdem Betreiber des ersten in Europa gebauten Windkanals.

In der Galleria del Vento, den die Guzzi-Techniker »den Tunnel« nannten, wurde umgehend mit aerodynamischen Tests bei Rennmaschinen begonnen. Verkleidungsformen, Anpressdruck und Luftwiderstand konnten optimiert werden, was zu höheren Endgeschwindigkeiten und in Folge beachtlichen Siegen der Moto-Guzzi-Rennmaschinen führte. Nach Einstellung der Rennaktivitäten im Jahr 1957 wurde der »Tunnel« zur Entwicklung von Serienmotorrädern wie der 1000 SP verwendet. Aber auch externe Kunden buchten den Windkanal für eigene Untersuchungen – etwa die italienische Bob-Nationalmannschaft, die 1956 die Olympischen Spiele gewann.

Den Einwohnern von Mandello del Lario blieb der Betrieb des Windkanals zu keiner Zeit verborgen. Wegen des enormen Energiebedarfs wurde die Anlage meist nach Betriebsschluss angeschaltet. Wenn dann der infernalische Lärm des Propellers durch den gesamten Ort schallte, wussten die Mandellesi, dass im »Tunnel« Arbeit anstand. Heute wird der Windkanal nicht mehr genutzt, der letzte Probelauf fand 1992 statt. Er überstand die Zeiten aber weitgehend unbeschadet und steht noch immer funktionstüchtig an seinem angestammten Platz – als wichtiger Teil der Firmengeschichte und als erhaltenswertes Industriedenkmal.

Noch heute steht der Windkanal eingeklemmt zwischen Felsen und den Hallen der Rennabteilung am südlichen Ende der Moto-Guzzi-Fabrik.

GALLERIA DEL VENTO

69__ Das Werksmuseum

Grand-Prix-Bikes, Serienmotorräder und Prototypen

Noch in den späten 1960er Jahren interessierte sich kaum jemand bei Moto Guzzi für die eigene Geschichte. Die einst so ruhmreichen Grand-Prix-Motorräder gammelten verstreut in einigen feuchten Schuppen zwischen Mandello und Abbadia Lariana vor sich hin. Schlimm genug, dass das Erbe von Moto Guzzi unter einer dicken Moosschicht verborgen war, unverzeihlich jedoch, dass die Werkssammlung immer kleiner wurde, da findige Sammler Raritäten wie Gambalungha oder Dondolino aus dem Fundus herauskauften.

Roberto Patrignani, Journalist, Rennfahrer und in den 1970er und 1980er Jahren Leiter der Öffentlichkeitsarbeit bei Moto Guzzi, war empört über den leichtfertigen Umgang mit den Zeitzeugen. Er schrieb einen Brandbrief an das Management, in dem er auf den katastrophalen Zustand der historischen Guzzi-Modelle hinwies. Weiterhin schlug er vor, die Motorräder zu konservieren und eine Werkssammlung zu errichten. Gemeinsam mit ein paar Enthusiasten legte er so den Grundstein für das Moto-Guzzi-Museum. Die Gruppe restaurierte die seltenen Motorräder, stellte eine Ausstellung zusammen und bereitete 1977 die Räume der ehemaligen Motorenfertigung, in denen sich das Museum noch heute befindet, als Ausstellungsfläche vor. Neben Rennmotorrädern präsentierten sich Prototypen, Motoren und Meilensteine der Serienfertigung, Devotionalien aller Art, die den Mythos der Marke Moto Guzzi nachzeichneten.

1982 konnte das Werksmuseum erstmals der Öffentlichkeit präsentiert werden. Zunächst war die Ausstellung nur an einem Tag in der Woche geöffnet, zwei Jahre später beschloss Alessandro de Tomaso die Öffnung der Pforte an jedem Werktag. Seitdem kann das Museum täglich zwischen 15 und 16 Uhr kostenlos besichtigt werden. Die atemberaubende Sammlung wurde Anfang des neuen Jahrtausends unter Ivano Beggio renoviert und umfasst heute mehr als 150 einzigartige Stücke, etwa die G.P. von 1919, Dr. Johns Vierventiler oder die legendäre Otto Cilindri.

__ V7 Record neben der Otto Cilindri: Blick in die erste Etage des Moto-Guzzi-Werksmuseums.

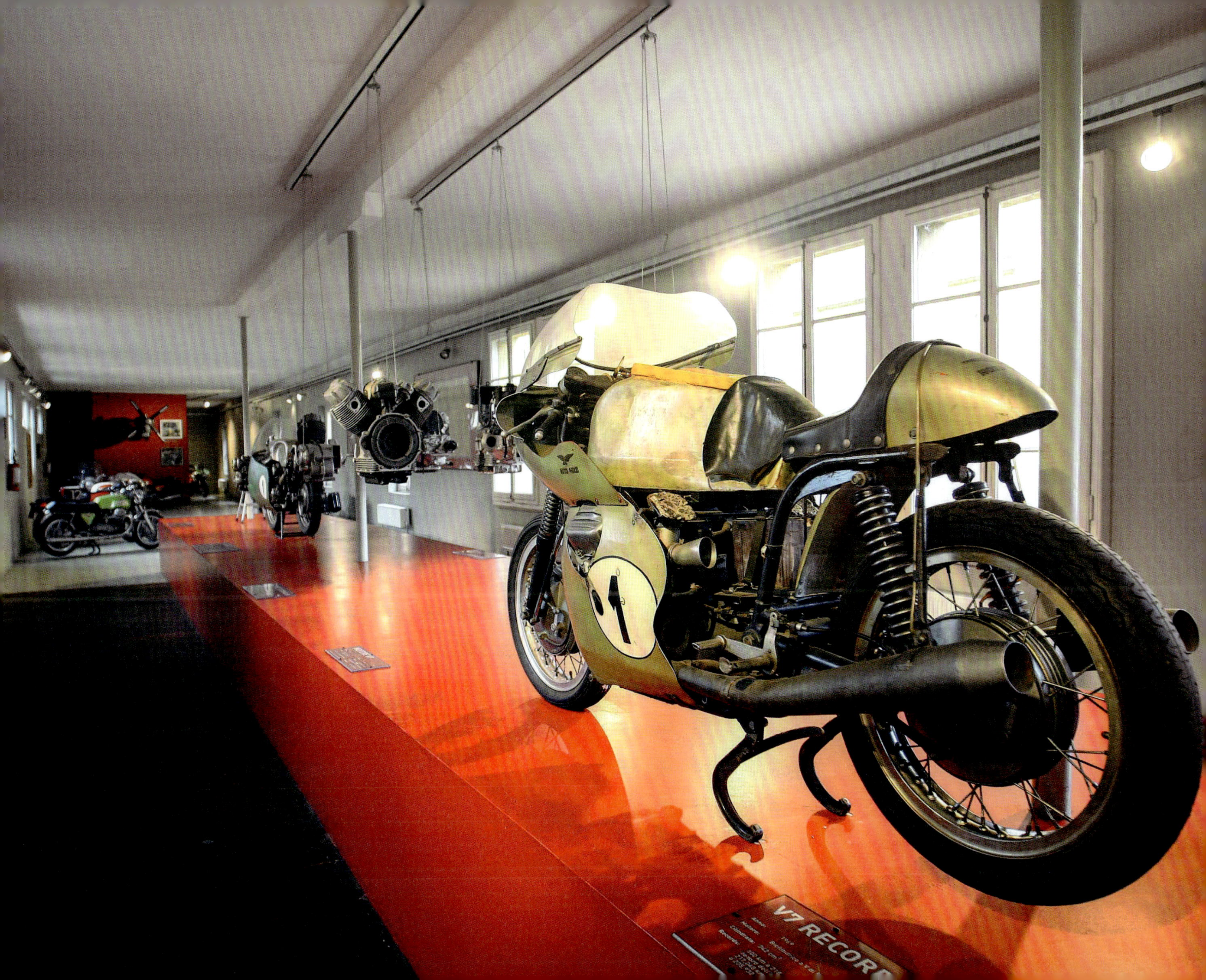

VELOSOLEX
VELOSOLEX
INFORMATION
Shell

Den Messestand des deutschen Moto-Guzzi-Importeurs Fritz Röth auf der Kölner IFMA im September 1972 schmücken V7 Polizia, Nuovo Falcone, V7 Sport und 850 GT.

70 Moto Guzzi Hispania

Spanischer Ableger seit 1948

Kaum bekannt ist, dass Moto Guzzi nach dem Zweiten Weltkrieg eine Produktionsstätte in Spanien betrieb. Der Exil-Italiener Oscar Ravá führte seit 1942 in Barcelona ein Lancia-Autohaus. 1948 trat er in Verhandlungen mit Moto Guzzi, da er mit konkurrenzfähigen Kleinmotorrädern in den aufstrebenden Motorradmarkt einsteigen wollte. Es wurde vereinbart, die Marke Moto Guzzi Hispania zu gründen und die kleinen Zweitaktmodelle von Moto Guzzi in Lizenz herzustellen. Ravá beauftragte externe Werkstätten mit der Herstellung der einzelnen Komponenten für das 65-ccm-Modell – die Motoren fertigte zum Beispiel die für die Luftfahrt tätige Firma Industrias Subsidiarias de Aviación, die Rahmen Rabasa/Estampaciones Metálicas Tió. Lediglich die Endmontage erfolgte im Moto-Guzzi-Werk in Katalonien. Über 100.000 Einheiten der Moto Guzzi Hispania 65 – im Volksmund »llagostí« genannt – wurden produziert, bis 1959 das Modell Cardellino vorgestellt wurde. 1963 folgte die »Z-98«, die zur »Lario 110« aufstieg.

In den 1960er Jahren legte der spanische Gesetzgeber den maximalen Hubraum für Mopeds auf 50 ccm fest. Moto Guzzi Hispania nahm die »65« aus dem Programm und fertigte fortan die Dingo-Baureihe mit 49- und 75-ccm-Motoren in Spanien. Technisch basierten die Kleinmotorräder auf der italienischen Dingo, jedoch gestalteten die Spanier eigene Modelle wie die Geländemaschine »Ranchita«.

1972 wurde die Moto Guzzi Hispania vom Motorenlieferanten Industrias Subsidiarias de Aviación übernommen, was einen Umzug nach Sevilla nach sich zog. Ende 1979 wurde das Unternehmen in Motorhispania umgewandelt. Von nun an bildeten nicht mehr Kleinmotorräder von Moto Guzzi das Rückgrat der Marke, sondern Mopeds mit Franco-Morini-Motoren. 1988 erwarb Eusebio Gallego die Fabrik und setzte auf Expansion. 2014 musste Motorhispania jedoch die Tore schließen. Marke und Materialbestände gingen an das Unternehmen Jovicelect S.L. aus Sevilla, das seither unter dem Label Motorhispania Motorräder des chinesischen Herstellers Zongshen fertigt und verkauft. Und auch wenn in Sevilla keine Moto-Guzzi-Derivate mehr entstehen, ist Motorhispania der älteste Motorradhersteller Spaniens.

Moto Guzzi Hispania entwickelte mit der Ranchita 49 eine eigene Offroad-Version des Dingo-Mopeds.

RANCHITA
MOTO
GUZZI
HISPANIA
MOTO GUZZI HISPANIA
RANCHITA

71__Jenseits von Mandello

Produktion an alternativen Standorten

Bis in die 1970er Jahre war die Produktion im Moto-Guzzi-Werk geprägt von einer äußerst hohen Fertigungstiefe. Viele Bauteile wie Telegabeln, Kurbelwellen oder Schutzbleche stellte Moto Guzzi selbst her. In der eigenen Gießerei entstanden Motorgehäuse und Zylinderköpfe. Erst mit der Übernahme der Marke durch Alessandro de Tomaso im Jahr 1973 wurden alternative Fertigungsorte und eine Auslagerung gezielter Produktgruppen diskutiert. De Tomaso koppelte die Werke von Benelli und Moto Guzzi eng aneinander. Einige neue Modelle wie die 250 TS oder die 400 GTS stellte Benelli in Pesaro her. Im Gegenzug baute Moto Guzzi die Motoren für viele Benelli-Modelle – etwa den Sechszylinder der 750 Sei. Auch V 35 und V 50 wurden nicht mehr vollständig in Mandello gefertigt. In de Tomasos Innocenti-Werk in Mailand, wo in den 60ern noch Lambretta-Roller montiert worden waren, kam 1977 die Produktion der kleinen V2 in Schwung.

Immer wieder in den folgenden Jahren überlegte das Management, die Fertigung weg vom veralteten Werk in Mandello in neu errichtete Industriehallen im Umland von Mailand zu verlegen. Doch neben romantischen Argumenten für Mandello gab es auch handfeste Vorteile, etwa die vielen qualifizierten Arbeiter vor Ort. Kräftige Investitionen in Gebäude und Maschinenpark ließen diese Diskussionen ab 2000 zunächst verstummen.

Als Piaggio Moto Guzzi im September 2004 übernahm, wurde schleunigst ein neuer Kurs beschlossen. Für eine geringere Fertigungstiefe lagerten die neuen Herren viele Betriebsbereiche aus. Der Piaggio-Konzern nutzte Synergien. Aluteile werden nun nicht mehr in den historischen Gemäuern, sondern bei Piaggio in Pontedera gegossen. Konstruktion und Erprobung finden im Entwicklungszentrum bei Aprilia in Noale statt, das Design wird im Piaggio Advanced Design Center im amerikanischen Pasadena entwickelt. Und Mandello dient als Montagewerk für das große Ganze. Das neue Haupttor im Nordwesten des Werks steht sinnbildlich für die Modernisierung einer Legende. Moto Guzzi gehört nach Mandello. Und das könnte auch in Zukunft so bleiben.

Wer Erlkönige neuer Moto-Guzzi-Modelle erspähen will, wird eher in Noale als in Mandello fündig – die Entwicklung neuer Modelle findet bei Aprilia statt. Alugussteile entstehen bei Piaggio in Pontedera (oben).

the
racing
machine
aprilia
PlayStation 2
MAPFRE
Bancaja
Gaviota
CAFFE LATTE
12
46
DUNLOP
RIVACOLD

72 Zulieferbetriebe

Norditalien, das kreative Zentrum der europäischen Motorradindustrie

In der Lombardei scheint die Motorradbegeisterung besonders ausgeprägt zu sein. Zwischen Po und Alpengipfeln sprudelt bereits seit den 1930er Jahren der ausgeprägte Drang, eigene motorisierte Zweiräder zu entwickeln. Vor allem in der Gegend rund um die Metropole Mailand versammeln sich Motorradhersteller und Zulieferbetriebe wie in kaum einer anderen Region. Früher produzierten hier Marken wie Gilera, Bianchi oder Rumi. Noch heute entstehen im Norden Italiens die Bikes von Moto Guzzi und MV Agusta.

Spätestens seit die Fertigungstiefe im alten Moto-Guzzi-Werk massiv zurückgefahren wurde und hinter den gelben Mauern fast nur noch montiert wird, stehen die Zulieferer vermehrt im Fokus der Marke. Moto Guzzi greift vornehmlich auf regionale Anbieter zurück, die aus den Motorrädern Produkte »made in Italy« machen. Viele Teilelieferanten reiften zu World Playern heran, manche Firma produziert gar in unmittelbarer Nachbarschaft zum Moto-Guzzi-Werk. In Mandello del Lario existieren gleich mehrere wichtige Supplier. Etwa Gilardoni, ein 1961 gegründeter Hersteller von Motorkomponenten aus Aluminium. Im Druckguss- oder Kokillengussverfahren entstehen Zylinderköpfe, Zylinder und Motorgehäuse für viele europäische Motorradhersteller. Viele der am Fuße des Berges Grigna produzierten Waren gehen direkt in die Motorenfertigung des kaum hundert Meter entfernten Guzzi-Werks. Lafranconi Silenziatori ist aus einer Kooperation mit Moto Guzzi noch vor dem Zweiten Weltkrieg hervorgegangen. Noch immer fertigt Lafranconi im höher gelegenen Ortskern komplette Auspuffanlagen, ist Erstausrüster für BMW, Yamaha und eben Moto Guzzi.

Wenige Kilometer südlich produziert Domino S.P.A. seit 1951 Kupplungs- und Bremshebel, Lenkerschalter und Gummigriffe als Erstausrüster für die Motorradindustrie. Auch Anbauteile für Moto Guzzi entstehen in der gewaltigen Fabrik in Sirtori, etwa auf halbem Wege zwischen Mandello und Mailand. 35 Kilometer von Mandello entfernt, im 5000-Einwohner-Ort Lomagna, fertigt Alpina Raggi Felgenringe, Naben und Speichen. Von einem modernen, 10.000 Quadratmeter großen Werk aus beliefert Alpina die gesamte europäische Motorradindustrie. Als echter Global Player beliefert Brembo seine Bremsanlagen an die gesamte Automobil- und Motorradindustrie. Davon profitiert auch Moto Guzzi. Zumal zwischen Mandello und dem Brembo-Entwicklungszentrum »Kilometro Rosso« bei Bergamo nur 40 Kilometer liegen.

»Riservato Competizione«: Nachrüst-Auspuffanlagen sind bei Lafranconi längst nur noch ein kleines Nebengeschäft. Als Erstausrüster versorgt die Firma aus Mandello die Motorradindustrie mit Schalldämpfern.

Vorserienmodell der V7 700 von 1965. Viele Details – etwa Motorgehäuse und Ventildeckel – unterscheiden sich vom späteren Serienmotorrad.

PROTOTYPEN

73_ G.P. – Guzzi & Parodi

Der allererste Prototyp von 1919

Die Freunde Carlo Guzzi und Giorgio Parodi hatten einen sehr konkreten Traum. Die beiden jungen Enthusiasten wollten nicht weniger als das fortschrittlichste Motorrad seiner Zeit entwickeln. Bereits während des Ersten Weltkriegs tüftelte der technisch begabte Carlo Guzzi an den Eckdaten für diese wegweisende Konstruktion. Da jenes Motorrad zuverlässiger, wirtschaftlicher und schneller als die bekannten italienischen Maschinen sein sollte, kam der junge Tüftler auf einige unkonventionelle Konstruktionsmerkmale – etwa einen liegenden Zylinder mit ohc-Vierventilkopf, eine außen liegende Schwungscheibe, ein in das Motorgehäuse integriertes Getriebe oder einen verschraubten Heckrahmen mit selbsttragendem Schutzblech.

Ab 1919 bemühte sich Guzzi im Keller seines Elternhauses um die Realisation der spektakulären 500er. Später verlagerte er die Arbeit in die Räume des Schlossers von Mandello del Lario, Giorgio Ripamonti. Viele der konstruktiven Lösungen an der G.P. (für Guzzi & Parodi) getauften Maschine erwiesen sich als so modern, dass sie noch vierzig Jahre später Gültigkeit besaßen und bei den Motorrädern des Hauses Moto Guzzi Verwendung fanden.

Im Jahr 1920 war die G.P. vollendet. Das Einzelstück leistete stattliche 12 PS und donnerte mit atemberaubenden 100 km/h über die Schotterwege rund um den Comer See. Weit wichtiger jedoch war der Entschluss der beiden Motorradverrückten, die beim Bau der G.P. gewonnenen Erfahrungen zur Gründung einer eigenen Motorradfabrik zu nutzen – die Marke Moto Guzzi war geboren. Das erste Serienmotorrad des neuen Unternehmens, die Tipo Normale von 1921, lehnte sich folgerichtig eng an den Prototypen an, verzichtete allerdings aus Kostengründen und zugunsten einer gesteigerten Alltagstauglichkeit auf die oben liegende Nockenwelle und auf den Vierventilzylinderkopf.

__ Gut geschützt im Moto-Guzzi-Museum: In einer Holzvitrine wird das G.P.-Unikat von 1919 aufbewahrt.

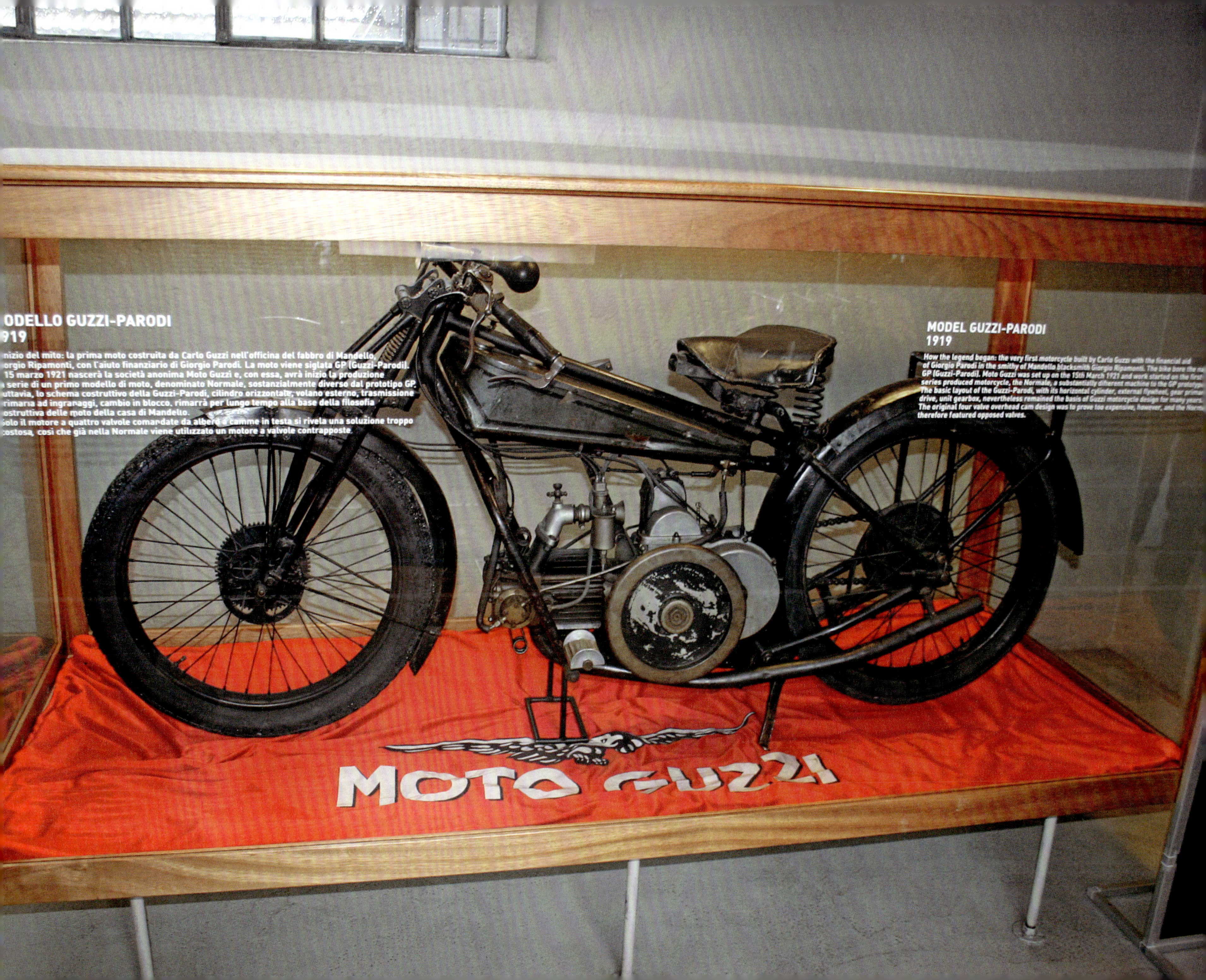

ODELLO GUZZI-PARODI
919
nizio del mito: la prima moto costruita da Carlo Guzzi nell'officina del fabbro di Mandello,
orgio Ripamonti, con l'aiuto finanziario di Giorgio Parodi. La moto viene siglata GP (Guzzi-Parodi).
15 marzo 1921 nascerà la società anonima Moto Guzzi e, con essa, avrà inizio la produzione
serie di un primo modello di moto, denominato Normale, sostanzialmente diverso dal prototipo GP.
uttavia, lo schema costruttivo della Guzzi-Parodi, cilindro orizzontale, volano esterno, trasmissione
rimaria ad ingranaggi, cambio in blocco, rimarrà per lungo tempo alla base della filosofia
ostruttiva delle moto della casa di Mandello.
Solo il motore a quattro valvole comandate da albero a camme in testa si rivela una soluzione troppo
costosa, così che già nella Normale viene utilizzato un motore a valvole contrapposte.
MODEL GUZZI-PARODI
1919
therefore featured opposed valves.
MOTO GUZZI

74 Drei- und Vierzylinder

Neben den erfolgreichen Singles entstanden in Mandello auch Multizylinder

In den 1920er Jahren genoss Moto Guzzi einen hervorragenden Ruf mit robusten Einzylindermotorrädern. Um jedoch bei Grand-Prix-Rennen erfolgreich gegen die schnellen Vierzylinder-Maschinen von OPRA (später Gilera Rondine) antreten zu können, bedurfte es einer Neukonstruktion. Daher entwickelte Carlo Guzzi gemeinsam mit Oreste Pasoloni einen Reihenvierzylinder mit Kompressoraufladung. 1930 reifte mit der »Quattro Cilindri« Moto Guzzis erstes Motorrad mit Mehrzylindermotor heran. Doch bereits beim ersten Testlauf 1931 in Monza konnte die Kombination aus liegend eingebautem, 40 PS starkem Motor und handgeschaltetem Dreiganggetriebe nicht die Erwartungen erfüllen.

Nachdem Carlo Guzzi das Vierzylinder-Projekt 1932 auf Eis gelegt hatte, entwickelte er auf Basis der erfolglosen Rennmaschine ein straßentaugliches Touring-Bike – mit dem ersten in Serie gefertigten Viertakt-Dreizylinder-Reihenmotor. Die zwischen 1932 und 1933 in Kleinserie gebaute 500 3C galt als elegantes Reisemotorrad mit hohem Prestige. Da der Verkaufspreis der 500 3C hoch ausfiel und außerdem technische Probleme auftraten, endete die Produktion nach nur einem Jahr. Doch 1940 zog Carlo Guzzi die Konstruktion noch einmal aus der Schublade und entwickelte eine Dreizylinder-Rennmaschine, die 500 3C Kompressor. Da das neue Reglement nach dem Zweiten Weltkrieg den Einsatz von Kompressoren verbot, startete sie nur im Jahr 1940.

Eine weitere Vierzylinder-Konstruktion entstand ab 1948 nicht etwa in der Entwicklungsabteilung von Mandello, sondern 650 Kilometer südlich in Rom bei Carlo Gianini. Moto Guzzi hatte den Co-Konstrukteur der siegreichen Rondine-Rennmaschine beauftragt, ein erfolgversprechendes Rennmotorrad zu entwerfen. Gianini schuf einen längs angeordneten Vierzylindermotor mit Wasserkühlung, Kraftstoffeinspritzung und Kardanantrieb. Die aufgrund ihrer Herkunft »La Romana« getaufte 500er wurde von den Ingenieuren in Mandello nie akzeptiert. Chefkonstrukteur Giulio Cesare Carcano hatte völlig andere Vorstellungen von einem konkurrenzfähigen Grand-Prix-Motorrad. Und tatsächlich: Die »Romana« erreichte nie das Niveau von Gilera und MV Agusta, sie erzielte lediglich zwei Siege in Hockenheim und Syrakus. Für eines war sie dennoch gut: Ihr Misserfolg spornte Carcano an zur Entwicklung der sensationellen Otto Cilindri mit Achtzylinder-V-Motor.

Die letzte ihrer Art: Im Werksmuseum von Moto Guzzi steht die einzige erhaltene 500 3C, ein Luxustourer mit Hinterradfederung und 25 PS starkem Dreizylindermotor.

1956 B. Lomas, classe 350
1957 K. Campbell, classe 350
MOTO GUZZI

75 Automobilbau

Rekordfahrzeuge und Spaßgeräte

Schon sehr früh hat sich Moto Guzzi auch für den Automobilmarkt interessiert. Neben den verkaufsstarken Motocarri – den Lastendreirädern Trialce oder Ercole – und dem militärischen 3x3 Mulo Meccanico suchte die Firmenleitung nach einer Nische im Geschäft mit den Autos. Im Werk und in Kooperation mit Spezialisten wurden zum Beispiel mehrere Rekordfahrzeuge hergestellt. Ein erster Versuch erschien im Jahr 1935. Graf Gianni Lurani hatte gemeinsam mit Ulysse Guzzi, dem Sohn von Firmengründer Carlo Guzzi, einen Rekordwagen mit Namen Nibbio I entwickelt. Der stromlinienförmige Einsitzer wurde mit einem 120°-V2-Motor der Moto Guzzi Bicilindrica ausgestattet, der 50 PS leistete. Unmittelbar nach dem Zweiten Weltkrieg pilotierte Piero Taruffi mit dem »Bisiluro Tarf« ein Rekordfahrzeug, das aus zwei Karosserierümpfen, ähnlich einem Katamaran, bestand. 1948 erreichte Taruffi mit dem ebenfalls von einem V2 angetriebenen Unikum 207 km/h. Gianni Lurani fand keine Ruhe und konstruierte 1955 ein neues Auto, den Nibbio II. Die Karosserie entwarf Giovanni Savonuzzi bei Ghia, als Motor wurde ein 350-ccm-Moto-Guzzi-Single verbaut. 1956 konnte Lurani mit dem 350 kg leichten Rennwagen in Monza eine Reihe neuer Langstreckenrekorde aufstellen.1963 folgte ein weiterer Versuch, mit einem Auto Bestmarken einzufahren: Stanguellini entwickelte in Zusammenarbeit mit Moto Guzzi den aerodynamischen »Colbri«, der viele Geschwindigkeitsrekorde in der 350er-Klasse aufstellte.

Ingenieur Giulio Cesare Carcano initiierte 1958 als wissenschaftliche Arbeit einen V2-Motor mit 500 ccm und 650 ccm, den Enrico Cantoni gezeichnet hatte und den er als 36 PS starken 650er in seinen persönlichen Fiat 500 einbaute. Carcano fuhr den 140 km/h schnellen Kleinwagen mit Freude im Alltag, daher erhoffte sich Moto Guzzi einen Auftrag von Fiat in Turin. Gespräche mit Italiens größtem Autobauer, den V-Motor für eine geplante Sportversion des 500ers in Serie zu nutzen, verliefen jedoch ergebnislos. Auch der wenige Jahre später in Mandello entwickelte dreirädrige Buggy sollte im Versuchsstadium steckenbleiben. Unter der Fiberglaskarosserie des Strandautos trieb der kleine Viertaktmotor der Stornello 160 nur eines der beiden 10"-Hinterräder an. In den 70er Jahren, unter der Führung von Alessandro de Tomaso, entstanden in der Innocenti-Fabrik in Mailand eigene Autos auf Leyland-Mini-Basis. Um unabhängig von den Engländern zu werden, plante der Patron den Einsatz des Moto-Guzzi-V2-Motors in den Innocenti-Kleinwagen. Doch auch dieser Versuch endete in der Planungsphase – und Moto Guzzi blieb bei seinen Motorrädern.

Versuch macht klug: Der dreirädrige Strandbuggy mit Stornello-Motor blieb ein Einzelstück aus der Entwicklungsabteilung.

FIRE GLASS

76_ Tre Ruote

Carlo Guzzis persönliches Firmenfahrzeug

Ende der 1950er Jahre war Carlo Guzzi bereits deutlich von seiner Krankheit gezeichnet. Zwar konnte er nicht mehr so eifrig von einer Produktionshalle seiner Fabrik zur anderen hin- und herlaufen, wie er es sich wünschte, jedoch ging er noch immer tagein, tagaus seiner Arbeit nach. Und die befand sich nach eigenem Empfinden nicht nur an seinem Schreibtisch im Haupthaus, sondern auf dem gesamten Firmengelände. Denn Guzzi war inhaltlich noch immer an allen neuen Entwürfen beteiligt und stets mit technischem Rat zur Stelle.

Um innerhalb der gelben Fabrikmauern an der Via Parodi mobil sein zu können, beauftragte der Firmenlenker die Entwicklungsabteilung, ein Gefährt nach seinen eigenen Ideen zu bauen. 1960 stand das »Tre Ruote« als Unikat für den Chef bereit. Die Techniker hatten ein Dreirad realisiert, das über eine rundliche, pastellgelb/beige lackierte Stahlkarosserie und winzige 8"-Räder verfügte. Unter dem klappbaren Einzelsitz mit bequemer Federkernpolsterung befand sich ein geräumiges Gepäckfach für Carlo Guzzis Utensilien. Ein Einzylinder-Zweitaktmotor mit 49 ccm trieb das einzelne Vorderrad an und brachte das skurrile Gefährt in Schwung. Auch der Benzintank befand sich unter der Verkleidung des vorderen Rades.

Der betagte »Sciur Carletu«, wie ihn viele im Mailänder Dialekt nannten, drehte zwischen den verschiedenen Abteilungen und Werkstätten seine Runden mit dem Dreirad und überwachte das Tagesgeschäft. Auch wenn so nicht viele Kilometer zusammenkamen, erfüllte das kleine Dreirad dennoch seinen Zweck. Am 2. November 1964 starb Carlo Guzzi im Alter von 75 Jahren. Mit ihm ging eine Ära zu Ende. Das »Tre Ruote« wurde nun nicht mehr benötigt und fand einen wohlverdienten Platz innerhalb des Werksmuseums.

__ Noch zwei Jahre vor seinem Tod im Jahr 1964 kurvte Seniorchef Carlo Guzzi mit seinem Dreirad über das weitläufige Firmengelände in Mandello.

77 Alternative Motorenkonzepte

Gedankenspiele, Prototypen und serienreife Entwicklungen

Moto Guzzi ist auf zwei charakteristische Triebwerkskonfigurationen abonniert: den liegenden Einzylindermotor mit integriertem Getriebe und außen liegender Schwungscheibe und den V2 mit längs laufender Kurbelwelle und Kardanantrieb. Doch auch jenseits der vielseitigen Konstruktionen für den Rennsport aus den 1930er- bis 1950er Jahren, die von Drei- über Vierzylinder- bis hin zur legendären V8-Konfiguration reichten, experimentierte das Werk ab den 1970er Jahren auch mit alternativen Bauformen für geplante Serienmotorräder. Eine der spektakulärsten Konstruktionen war sicherlich der W103 getaufte Dreizylindermotor. Bei diesem auf dem kleinen V2 basierenden Aggregat ragte zwischen dem Vau ein weiterer Zylinder senkrecht nach oben. Das Team um Ingenieur Lino Tonti erprobte den 992 ccm großen Triple 1981 in der sogenannten W- oder Pfeilkonfiguration mit einem Zylinderwinkel von 65 Grad. Wegen der offensichtlichen Schwierigkeiten, die ein unter dem Benzintank befindlicher Zylinder mit sich gebracht hätte, endete die Entwicklung bereits im Prototypenstadium. Ein ähnliches Schicksal erfuhr auch ein für den Einsatz in Ultraleicht-Flugzeugen entworfener W4-Motor mit versetzt hintereinander angeordneten 90°-V-Zylindern und zwei gegenläufigen, durch Zahnräder gekoppelten Kurbelwellen.

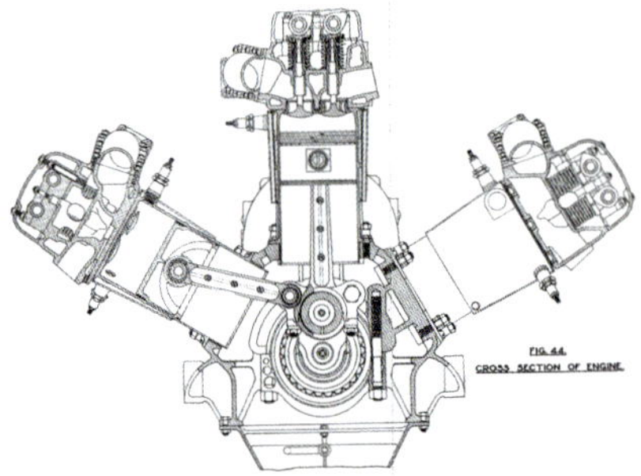

Etwa zehn Jahre später stand ein V-Vierzylinder für den exklusiven Einsatz in Motorrädern zur Diskussion. Diesmal sollte ein längs eingebauter 90°-V-Motor in typischer Guzzi-Manier das Hinterrad via Kardanwelle antreiben. Der Prototyp verfügte über moderne Details – etwa Wasserkühlung, je zwei oben liegende Nockenwellen und 16 Ventile. Zunächst schien es so, als sei der V4 der ideale V2-Nachfolger. Doch hohe Produktionskosten sowie mangelnde Kompatibilität zu bestehenden Motorradtypen verhinderten eine Serienfertigung.

Der längs angeordnete V4-Motor von 1991 und auch der W-Dreizylinder (oben) erinnerten an das klassische Moto-Guzzi-V2-Konzept. Beide blieben aber Studien.

Ab 2000 investierte der engagiert zupackende neue Moto-Guzzi-Besitzer Ivano Beggio kräftig ins Werk und stieß weitere für die Marke ungewöhnliche Motorkonstruktionen an. Auf dem Prüfstand standen neben modernisierten V2-Triebwerken mit dohc-Steuerung auch Dreizylinder- sowie Vierzylinder-Reihenmotoren und V6-Aggregate mit Wasserkühlung. Als Beggio 2004 aus finanziellen Gründen aufgeben musste, beendete der Rollerhersteller Piaggio als neuer Besitzer sämtliche Projekte. Piaggio hatte entschieden, dass der klassische 90°-V2 auch in Zukunft untrennbar mit der Marke verbunden sein soll.

78__V7 Ippogrifo

Styling-Studie mit Flugzeugmotor

1996 feierte Moto Guzzi seinen 75. Geburtstag mit einem großen Fest in Mandello del Lario, mit dem Sondermodell California 75 und einer vielversprechenden Neuvorstellung. Im Rahmen der großen Motorradmesse IFMA im Oktober in Köln stand erstmals der Prototyp der V7 Ippogrifo im grellen Scheinwerferlicht. Hinter dem Namen, der ein Fabeltier – halb Adler, halb Pferd – bezeichnet, verbarg sich ein interessanter Ansatz für die Zukunft. Gestaltet als minimalistischer Roadster verfügte die Ippogrifo über ein neu entwickeltes Fahrwerk mit Parallelogrammschwinge und unter dem Benzintank platziertem Monoferbein. Ihre Speichenräder erlaubten die Montage schlauchloser Reifen. Die Verwendung vieler Komponenten aus Edelstahl und eine aufwendige Lackierung versprachen eine wertige Machart.

Auch der 750-ccm-Motor war eine Neukonstruktion. Zwar basierte er auf dem kleinen V2, jedoch hatte ihn das Team um Cheftechniker Umberto Todero direkt vom Flugmotor, der für die Hunter-Drohne der israelischen Firma IAI Malat Division entwickelt worden war, abgeleitet. Der kurzhubige Zweiventiler verzichtete auf die für Moto-Guzzi-Mittelklassemotoren typischen Heron-Zylinderköpfe, wurde von einer sequentiellen Einspritzanlage gefüttert und leistete 58 PS bei 7500 U/min. Das neue Sechsganggetriebe kam in ähnlicher Form auch bei der späteren V11 zum Einsatz.

Geplanter Verkaufsstart war zunächst 1998. Doch auch wenn die Ippogrifo viele Jahre lang auf Ausstellungen gezeigt wurde, kam eine Serienfertigung nie in Gang. Ob es daran lag, dass das Aggregat eher für ein Flugzeug als für ein Motorrad geeignet war oder das Fahrwerk nicht die Anforderungen erfüllte? Ob potenzielle Kunden eine höhere Motorleistung verlangt hätten? Oder ob die Maschine für eine 750er schlicht zu teuer geworden wäre? In jedem Fall hat die Studie die Erfolge der Mittelklasse-Baureihe mit dem »kleinen« 750-ccm-Motor vorweggenommen. Und dem flugbegeisterten Carlo Guzzi hätte die Ippogrifo sicher gefallen.

__ Mit dem V2-Aggregat aus der Hunter-Drohne und einer innovativen Schwingenkonstruktion wäre die Ippogrifo wohl zu teuer geraten und blieb daher ein Einzelstück.

MOTO GUZZI

Während V7 und V7 II – wie ihre Ahnen V 35 bis V 65 – über parallel angeordnete Ventile verfügen, setzen V7 III, V9 und die neuen 850er auf V-förmige Ventile.

TECHNIK

MOTO GUZZI

79_ Liegende Einzylinder

Die Formel »Moto Guzzi gleich 500er-Einzylinder« hatte über fünfzig Jahre lang Gültigkeit

Seit Bestehen der Marke Moto Guzzi galt der liegende Einzylinder-Motor mit offen laufender Schwungscheibe als typisches Charakteristikum für die Motorräder aus Mandello. Genau genommen zählte diese Bauform bereits zum ersten von Carlo Guzzi gebauten Prototypen von 1919 mit Namen GP – zwei Jahre bevor Moto Guzzi gegründet wurde. Der Techniker versprach sich von der unkonventionellen Einbaulage des Motors perfekte Kühlverhältnisse und einen niedrigen Fahrzeugschwerpunkt. Das Motorgehäuse hatte Guzzi kompakt und damit sehr stabil gestaltet. Daher verlegte er Schwungmasse und Schaltautomaten nach außen ins Freie, die Ölversorgung erfolgte per Trockensumpfschmierung.

Bereits die ersten Motoren der neu gegründeten Firma – zunächst in den Modellen Normale und Sport – verfügten über eine Zylinderbohrung von 88 Millimetern bei einem Kolbenhub von 82 Millimetern – was einen Hubraum von 498 ccm ergab. Anders als bei den meisten Wettbewerbern war der Einzylinder damit ein Kurzhuber. Ab 1932 folgte zusätzlich zum klassischen 500-ccm-Maß eine Generation von kleinen Einzylindern mit 175 bis 250 ccm. Mehr als vier Jahrzehnte lang unterlag der typische Moto-Guzzi-Motor einer stetigen Evolution. Auf die zunächst verwendete Wechselsteuerung der Ventile folgte die ohv-Steuerung – bald auch mit gekapseltem Ventiltrieb –, auf drei Gänge folgte ein Viergang-Getriebe. Bei den erfolgreichen Einzylinder-Rennmotorrädern sorgten zudem ein bzw. zwei oben liegende, über eine Königswelle angetriebene Nockenwellen für gesteigerte Drehzahlfestigkeit.

Nach dem Auslaufen der letzten Falcone im Jahr 1966 tat sich eine große Lücke im Modellprogramm auf. Bei der seit 1970 angebotenen Nuovo Falcone hatte Moto Guzzi den klassischen Einzylinder-Motor allerdings völlig neu interpretiert. Zwar blieb das Bohrung-/Hub-Verhältnis von 88 x 82 mm erhalten, doch wiesen Nasssumpfschmierung und gekapselte Schwungmasse zaghaft in Richtung Moderne.

__ 13,2 PS aus 499 ccm: Vom Gründungsjahr 1921 bis zum Zweiten Weltkrieg setzte Moto Guzzi den wechselgesteuerten Einzylindermotor ein.

MOTO GUZZI
MONO
CILINDRO

80 Das gefederte Hinterrad

Der Siegeszug der Schwinge

Ende der 1920er Jahre galten Motorräder mit gefederten Hinterrädern als gefährlicher Unsinn. Rennfahrer und konservative Fahrensmänner schworen auf ihre starren Rahmen, da die bis dahin von verschiedenen Herstellern präsentierten »Wackelvorrichtungen« abenteuerliche Fahreigenschaften zur Folge hatten.

Carlo Guzzis Bruder Naco war jedoch fest davon überzeugt, dass ein sauber geführtes, gefedertes Hinterrad den Fahrkomfort und die Fahrdynamik auf den damaligen Schlaglochpisten beträchtlich erhöhen würde. Angetrieben von Zukunftsvisionen wie Rennmaschinen mit vier Zylindern oder Kompressoraufladung entwickelten die Moto-Guzzi-Ingenieure daraufhin eine unkonventionelle Dreiecksschwinge mit auf Zug belasteten, unterhalb des Motors platzierten Federn in Kombination mit Reibungsdämpfern. Ab 1928 führte Moto Guzzi beim Modell GT erstmals ein Modell mit flexibler Hinterradführung ein. Schnell stellte sich heraus, dass die Hinterradfederung hervorragend funktionierte. Da sich die Akzeptanz unter den eher konservativen Motorradfahrern in Grenzen hielt, blieben diverse Typen mit starrem Rahmen im Verkaufsprogramm. Modelle mit gefedertem Rahmen waren fortan gekennzeichnet durch das GT in der Typenbezeichnung.

Die neue Technik wurde schon bald auch bei den Werksrennmaschinen eingesetzt. Die Rennfahrer konnten bei der Bicilindrica mit einem Hebel auf der linken Tankseite die Dämpfung während der Fahrt verstellen. Bei den Dienstmotorrädern des Militärs – GT 16, GT 20, Alce und Superalce – konnte die Geländetauglichkeit durch das gefederte Hinterrad beträchtlich gesteigert werden. Nach dem Zweiten Weltkrieg hatte sich das gefederte Hinterrad auf breiter Front durchgesetzt, und die letzten Starrrahmentypen – mit Ausnahme von Kleinstmotorrädern – verließen die Bänder in Mandello.

Vorreiter: Während fast alle Motorradhersteller auf starre Rahmenhecks setzten, präsentierte Moto Guzzi 1928 das gefederte Hinterrad.

81 V-Zweizylinder

Der 90°-V2 – untrennbar mit der Marke Moto Guzzi verbunden

Fünf Jahrzehnte lang hatte Moto Guzzi den liegenden Einzylindermotor konsequent weiterentwickelt und als Erkennungsmerkmal für die Motorräder der Marke etabliert. Mit dem 90°-V2 mit längs laufender Kurbelwelle folgte Mitte der 1960er Jahre zum zweiten Mal eine Motorbauform, die sich als Signet eignete.

Weil die italienischen Behörden einen Ersatz für die in die Jahre gekommene Falcone benötigten und zudem auf dem US-Markt hubraumstarke Motorräder boomten, beschloss die Geschäftsleitung in Mandello die Entwicklung eines großen Tourenmotorrads. Das Team um die beiden Ingenieure Giulio Cesare Carcano und Umberto Todero, das auch die erfolgreichen Rennmaschinen der Marke gestaltet hatte, startete im Mai 1963 unverzüglich mit der Konstruktion eines völlig neuen Entwurfs. Um eine Leistung von 40 bis 45 PS zu erreichen, entschieden sie sich für einen luftgekühlten V2 mit 704 Kubik. Beide hatten vor Jahren bereits an V-Motoren mit einem Zylinderwinkel von 90° gearbeitet. Todero wirkte bei Antonio Micuccis Entwurf eines 750-ccm-Motors für den dreirädrigen Militärtransporter Mulo Mechanico 3x3 mit, und Carcano initiierte 1958 einen 36 PS starken V2-Motor mit 650 ccm, den er in seinen persönlichen Fiat 500 einbaute.

Die positiven Erfahrungen mit V-Motoren nutzten die Ingenieure für das neue Motorradprojekt, ohne jedoch auf die exakten Konstruktionen für den Fiat oder den 3x3 zurückzugreifen. Der Ventiltrieb des V2 erfolgte über Stößelstangen, das direkt angeblockte Getriebe kam mit vier Gängen aus, eine Kardanwelle trieb das Hinterrad an. In der V7 700 wurde der neue Motor zum vollen Erfolg. Er war zuverlässig, durchzugsstark und vibrationsarm. Bald folgten Versionen mit 748, 757, 844, 949, 992 und 1064 ccm. Auch die Mittelklassegeneration V35/V50 basierte auf den Ideen des V7-Antriebs, überraschte darüber hinaus mit neuen Konstruktionsmerkmalen wie horizontal geteiltem Motorgehäuse oder Heron-Zylinderköpfen. Bis heute lehnen sich sowohl die Motoren der kleinen Baureihe – etwa V7, V9, V85 – als auch die der großen Modelle wie California 1400 an die clevere Konstruktion aus den 1960er Jahren an. Der 90°-V2 mit längs laufender Kurbelwelle wird für immer das typische Guzzi-Triebwerk sein.

Die Explosionszeichnung des V7-700-Triebwerks offenbart die logische und hoch effiziente Konstruktion.

V7 700cc

MOTO GUZZI

82_Automatisches Getriebe

Idro Convert: Sensation im Getriebegehäuse

Angeregt hatten es die Polizeibehörden in den USA: Weil bei Kolonnenfahrten und Eskorten sehr oft am Kupplungshebel gezogen und die Gänge gewechselt werden mussten, wünschte sich die amerikanische Polizei ein Motorrad mit Automatikgetriebe. Weil Moto Guzzi gerade einen guten Lauf bei der Highway Patrol und anderen US-Einheiten hatte und zudem amerikanische Privatfahrer durch ihre vierrädrigen Straßenkreuzer mit Automatikgetrieben vertraut waren, beschloss Moto-Guzzi-Eigner Alessandro de Tomaso 1973 die Entwicklung eines Automatikmotorrads.

Gemeinsam mit Fichtel & Sachs aus Deutschland tüftelten die Moto-Guzzi-Ingenieure an einer Wandlerautomatik mit zusätzlicher per Fußpedal schaltbarer Zweigangbox. Der Drehmomentwandler fand seinen Platz zwischen Motor und Getriebe, ein Ölkühler sorgte für einen ausgeglichenen Temperaturhaushalt. Während der erste Gang des integrierten manuellen Getriebes ausschließlich für Schritttempo, steile Bergauffahrt oder Seitenwagenbetrieb vorgesehen war, empfahl sich die zweite Gangstufe als Universalgang für beinahe alle Fälle. Im Normalbetrieb reichte es aus, den zweiten Gang einzulegen, Gas zu geben und wie von Geisterhand bis zur Höchstgeschwindigkeit von 170 km/h zu beschleunigen.

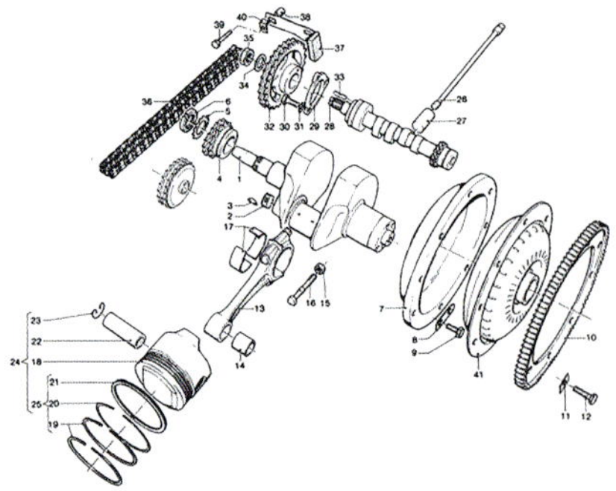

Zu ausgiebigen Testzwecken wurde die Wandlerautomatik zunächst in die alte Eldorado mit Schleifenrahmen verbaut. Das fertige Serienmotorrad von 1975 nannte sich dann V 1000 I-Convert. Der luxuriös ausgestattete Tourer basierte auf der 850 T3 und verfügte neben dem komfortablen Automatikgetriebe über den ersten Motor des Hauses mit einem ganzen Liter Hubraum – exakt 948,8 ccm. Allerdings wollte kaum ein Motorradfahrer außerhalb der USA auf eigenmächtige Schaltvorgänge und die daraus resultierenden sportlichen Fahrerlebnisse verzichten: Die I-Convert verkaufte sich vor allem in Europa eher mäßig. Folgerichtig bot Moto Guzzi das Nachfolgemodell California II Automatic ab 1982 ausschließlich in den USA an.

Guzzimatic für den Bol d'Or 1976: Charles Krajka, Moto-Guzzi-Händler für den Großraum Paris, belegte mit einem eindrucksvollen 16. Platz in Le Mans die Eignung der Automatik für den Langstreckenrennsport.

MOTUL
MOTO GUZZI
43
KRAJKA
MARCHAL
125

83 Kombibremse

Moto Guzzi etabliert das Integralbremssystem

Erstmals 1952 experimentierte Moto Guzzi an einer Kombibremse für Vorder- und Hinterrad – bei den Grand-Prix-Rennmaschinen mit Trommelbremsen. Als dann zwanzig Jahre später die ersten hydraulischen Scheibenbremsen bei V7-Sport-Rennmaschinen – etwa beim 24 Stunden Bol d'Or – verbaut wurden, erprobten die Techniker aus Mandello erneut ein Integralbremssystem. Hierbei erfolgte beim Druck auf den Fußbremshebel außer der Betätigung der hinteren zudem die der linken vorderen Scheibenbremse, während der Handbremshebel nur auf die rechte vordere Bremsscheibe wirkte. Messungen aus 100 km/h ergaben einen bis zu 25 Prozent kürzeren Bremsweg, das Fahrwerk blieb stets ruhig und sauber in der Spur.

Das erste Serienmotorrad, bei dem die Integralbremse eingesetzt wurde, war die V 1000 I-Convert. Über 750 S3 und 850 T3 erhielten dann alle V-Modelle ab 1975 das System. Mit umfassenden Messreihen zur dynamischen Radlastveränderung optimierte Moto Guzzi die Bremskraftverteilung kontinuierlich. Moto Guzzi und Zulieferer Brembo als Entwicklungspartner untersuchten unzählige Varianten: Solo und mit Sozius, mit schwerem Gepäck, mit Verkleidungen, mit unterschiedlichen Reibwertpaarungen zwischen Belag und Scheibe und auch zwischen Reifen und Straße. Sämtliche Erkenntnisse flossen in Formeln ein, aus denen für jedes Modell die optimale Bremsanlage berechnet wurde. So bestand zum Beispiel der deutsche TÜV auf einem Bremskraftverteiler am Fußpedal. Kein anderer Hersteller hatte bis dahin einen derartigen Forschungsaufwand für ein Motorrad-Bremssystem betrieben. Erst 2013 – mit Erscheinen der California 1400 – endete die Ära des Integralbremssystems zugunsten von ABS und Elektronik.

Schaubild des Integralbremssystems: Hintere und vordere linke Bremse sind gekoppelt und werden mit dem Fußpedal betätigt. Der Handhebel betätigt lediglich die Scheibe vorne rechts.

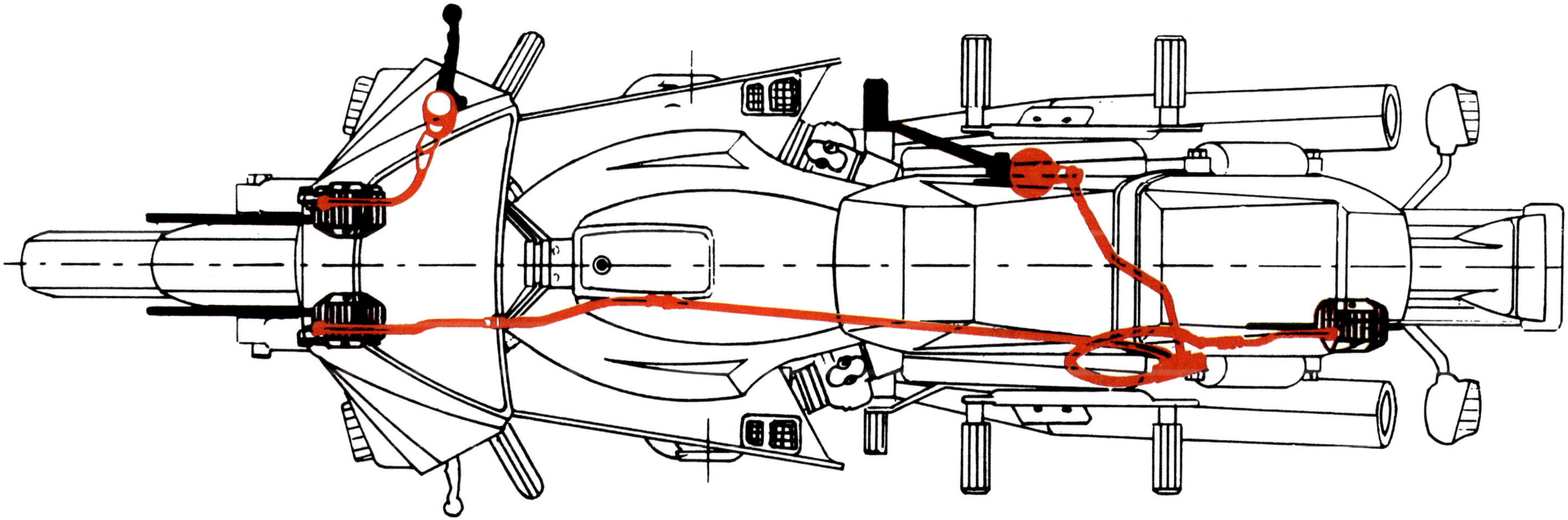

— Parallel zur Entwicklung bei Moto Guzzi haben sich unzählige Tuner auf der ganzen Welt der Optimierung der V2-Motoren verschrieben. Der Austausch von Kolben und Nockenwelle, die Bearbeitung von Zylinderköpfen und vieles mehr können ein stattliches Leistungs- und Drehmomentplus bewirken.

___ Egal ob alte V7 oder California 1400 – Motorräder von Moto Guzzi sind hervorragende Reisegefährten.

SZENE

84_ Vertragshändler

Hinterhofschrauber oder Glaspalast

Als Bindeglied zwischen dem Hersteller und den Motorradfahrern spielen die Moto-Guzzi-Vertragshändler eine verantwortungsvolle Rolle. Springt ihre Leidenschaft für die Produkte auf den Kunden über, gelingt ihnen eine authentische Präsentation, bieten sie einen zufriedenstellenden Service und interessante Verkaufspreise, dann spricht sich das schnell unter den Kaufinteressenten herum, und die Geschäfte brummen.

Moto-Guzzi-Händler sind keine homogene Gattung – wie etwa die immer gleich auftretenden Autohäuser. Die Spanne reicht vom kleinen, familiengeführten Hinterhofbetrieb bis zum Markentempel im Zentrum internationaler Hauptstädte. Während Mini-Läden wie Zapf in Oberhausen oder Languedoc Motos Rénov im französischen Lacaune ihre Kunden mit Charme, Fachkompetenz und Persönlichkeit an sich binden, überzeugen die prächtigen Motoplex-Stores in Mailand, Buenos Aires oder Shanghai mit ihrer professionellen, stilsicheren Präsentation. Wenige Händler – etwa Becker in Laer bei Münster oder Farinazzo Moto im italienischen Rho – setzen ausschließlich – mit Leib und Seele – auf die Marke mit dem Adler. Die große Mehrheit – etwa Wheels Motorcycles im britischen Leicester, EuroCycle in Las Vegas oder Limbächer & Limbächer in Filderstadt vertrauen als Multimarkenhändler auf große Markenvielfalt. Dazu gesellen sich freie Händler wie SMS oder Stein Dinse, die den Markt mit Ersatzteilen versorgen, außerdem unzählige Tuner wie das deutsche Vater-und-Sohn-Team Radical Guzzi oder Motobel aus Frankreich, Customizer wie Cycle Garden aus Kalifornien oder Officine Rossopuro aus Pescara.

Der weltweit erste Moto-Guzzi-Händler wurde im Jahr 1922 Primo Moretti in Macerata bei Ancona. Wer die Krone für den größten reinen Moto-Guzzi-Shop erhält, ist indes nicht leicht zu beziffern. Millepercento in Verano Brianza und TLM im niederländischen Nimwegen stehen im Ranking allerdings ganz weit vorne. Bekanntester Konzessionär ist zweifellos Agostini im Moto-Guzzi-Heimatort Mandello del Lario. Durch großes Engagement für die Marke, die Nähe zum Werk und viele internationale Besucher wurden Diulio Agostini, seine Tochter Alis und der aktuelle Besitzer Alberto Agliati in der Szene bekannt wie kein anderer Händler.

__ Der Verkaufsraum des bekanntesten Moto-Guzzi-Händlers der Welt, Diulio Agostini, liegt nur 500 Meter von der Produktionsstätte entfernt.

MOTO GUZZI
AGOSTINI
MV AGUSTA
MOTO GUZZI
dealer AGOSTINI
MV AGUSTA
MOTO GUZZI
dealer AGOSTINI
MV AGUSTA
V85TT

85 Markentreffen

Motoraduno, Open House und GMG

Moto Guzzi organisierte in den 1940er Jahren den »Moto Club Mandello«, dessen Mitglieder vor allem Renn- und Clubveranstaltungen besuchten. Das erste große eigene Treffen in Mandello del Lario fand 1949 statt. Drei Jahre nach Verkaufsstart der kleinen Motoleggera trommelte Moto Guzzi die Guzzino-Fahrer zu einem einzigartigen Typentreffen zusammen. Beeindruckende 14.000 Besucher auf 12.600 65ern drängten sich durch den kleinen Ort.

Zum Ende des Motorradbooms in den 1950er Jahren reduzierte die Marke ihr Engagement. Erst in den 1970er Jahren gründete der ortsansässige Vertragshändler Diulio Agostini gemeinsam mit ein paar passionierten Freunden einen eigenen Motorradclub, den »Moto Club Carlo Guzzi«. In den ersten Jahren organisierte der Club regionale Treffen und Ausfahrten. 1977 folgte die erste Rallye in Mandello, 1978 wurde der »Raduno« international, und seit 1981, zum 60. Geburtstag der Adler-Marke, richtete sich das von Agostini durchgeführte Treffen vor allem an Moto-Guzzi-Fahrer.

1983, 1985 und 1987 folgten weitere Moto-Guzzi-Treffen mit kontinuierlich steigenden Besucherzahlen. Der Ort füllte sich im September mit V2-Treibern aus Österreich, Deutschland, Großbritannien, Schweden, Frankreich und vielen anderen Ländern. Wer keinen Platz mehr im Hotel oder auf dem Campingplatz fand, der durfte mit offizieller Genehmigung der Stadtverwaltung im Park der Gemeinde sein Zelt aufschlagen. 1993 wurde das Treffen vom ehemaligen Mitarbeiter der Versuchsabteilung Bruno Scola abgehalten, 1994 vom »Moto Club Carlo Guzzi«. Bislang hatte sich Moto Guzzi bei der Organisation des Treffens stets zurückgehalten und lediglich die Pforten des Werks geöffnet. Ab Mitte der 90er organisierte der Hersteller die Veranstaltung dann aber selbst. Unter der Regie von Ivano Beggio, der stets engagiert mitfeierte, änderte sich der Name des Treffens in GMG, »Giornate Mondiali Guzzi«. Erst unter Piaggio zog sich die Marke wieder aus der Durchführung des mittlerweile legendären Markentreffens zurück.

Willkommen zur Werksbesichtigung: Beim Open House 2019 stand die V 85TT im Mittelpunkt des Interesses.

Heute wird der jährlich stattfindende Raduno vom »Comitato Motoraduno Internazionale« ausgerichtet, einem Verbund mehrerer Clubs. Moto Guzzi beteiligt sich mit einem eigenen Programm und entriegelt das Werkstor. Und nachdem das Fest im Jahr 2020 wegen der Corona-Pandemie ausfallen musste, feiert Moto Guzzi 2021 seinen 100. Geburtstag.

MOTO GUZZI®
MOTO GUZZI®
MOTO GUZZI®
OPEN HOUSE 2019

MESCALINE
MO 12
8866

Während der jährlichen Feierlichkeiten in Mandello wird der Stadtpark zum beliebten Campingplatz.

86 Moto Guzzi International

Ein weltweites Schraubernetzwerk

Moto-Guzzi-Fahrer gibt es überall auf der Welt. Und weil ihre Motorräder gewartet, verschönert und optimiert werden, hat sich eine internationale Szene entwickelt, die ihresgleichen sucht. Gemeint sind nicht die Piaggio-Vertragshändler oder die Motoplex-Glaspaläste, die fast ausschließlich Neumaschinen und Werkszubehör vertreiben, sondern die vielen kleinen Reparaturbetriebe, Tuner und freien Werkstätten, die als Markenbotschafter unverzichtbar sind. Es sind begeisterte Moto-Guzzi-Maniacs wie Moe Moore von Cycle Garden in Indio, California, wie Mark Etheridge, der Besitzer von Moto Guzzi Classics in Signal Hill, wie Teo Lamers in Australien oder Shiro Nakajima von 46 Works in Japan.

Ebenfalls in Japan beheimatet ist Moto Guzzi Riparare Corp. In Setagaya, einer westlich vom Zentrum Tokios gelegenen Gemeinde, hat sich 2004 eine der außergewöhnlichsten Werkstätten der japanischen Millionenmetropole niedergelassen. Unmittelbar neben dem Chuo Expressway, der auf Stelzen erbauten Stadtautobahn, übernimmt Taichi Shiga gemeinsam mit seinem Kollegen Takahiro Reparaturen an Moto-Guzzi-Motorrädern und verkauft außerdem Ersatzteile sowie komplette Motorräder. Taichi hatte in den 1980er Jahren als Techniker beim damaligen Guzzi-Importeur Kei Shoji Co. gearbeitet. Als dieser die Tore schloss, entschied er, sein profundes Wissen über die Marke aus Mandello in einer eigenen Firma anzuwenden. 1989 gründete er daher Moto Guzzi Riparare, zunächst in Nakano Ward. Es entwickelte sich eine enge Zusammenarbeit mit dem Moto Guzzi Owners Club of Japan, und auch zu Piaggio und zum Werk in Italien pflegt er seither gute Kontakte.

Heute ist der Showroom von Riparare prall gefüllt mit meist feuerrot lackierten Motorrädern. Le Mans I, V11 oder Daytona parken neben V 50, 1000 S und Magni Sfida. In einer Vitrine werden Sportnockenwellen und Zylinderköpfe ausgestellt, Bilder an den Wänden zeugen von Treffen und Touren. Keine Frage: Für Guzzi-Fahrer in Japan ist der kleine Laden am Chuo Expressway die allererste Adresse.

Nippon meets Mandello: Taichi Shiga und Takahiro Masumoto betreiben Moto Guzzi Riparare Corp. im Westen von Tokio.

MOTO GUZZI RIPARARE
MOTO GUZZI
MOTO GUZZI
MOTO GUZZI
1000S

87_ Clubs und Communitys

Moto-Guzzi-Gemeinschaften auf der ganzen Welt

Moto-Guzzi-Fahrer sind keine Eigenbrötler. Auf der ganzen Welt finden sie sich zu Gemeinschaften zusammen, um ihr Hobby zu teilen, Ausfahrten und Feiern zu unternehmen und sich bei technischen Problemen gegenseitig zu helfen.

Auf der einen Seite existieren nationale und internationale Facebookgruppen mit teilweise hoch spezialisierten Interessen wie der Moto-Guzzi-Freundeskreis, Vintage Moto Guzzi, Magni Guzzi, Moto Guzzi V7 Sport – 750S – 750 S3 oder Classic Italian Superbikes sowie Internet-Portale bzw. Foren wie Guzzi4You.at, Guzzisti.de, Guzzi-forum.de oder Guzzifan.ch. Auf der anderen Seite hat der Hersteller eine offizielle Community mit dem Namen »The Clan« etabliert. Hier finden sich nicht nur Fahrer von Neumaschinen zusammen. Alle Guzzi-Besitzer können Mitglied werden und erhalten verbilligte Konditionen bei einigen Hotels oder Fährlinien, Rabatte auf Zubehör oder Informationen aus dem offiziellen Werksarchiv.

Und dann gibt es die nur schwer zu überschauende Anzahl von Clubs weltweit. Angeführt werden die unzähligen Communitys vom 2002 gegründeten internationalen »Moto Guzzi World Club«, in dem sich diverse regionale Clubs vereinen. In vielen Staaten existieren zudem größere Landesclubs, etwa Moto Guzzi National Owners Club (USA), Moto Guzzi Club GB, Polska, Nederland, Belgien, Bohemia, Danmark oder Albania. Außerdem die Gruppo Moto Guzzi Finlandia, der Moto Guzzi Owner's Club Japan, Moto Guzzi Club of Queensland oder die Guzzisti Hellas. Weiterhin bestehen allerorts Hunderte von Regionalclubs, etwa Moto Guzzi Club Bodensee, Moto Guzzi Club Bavarese, Moto Guzzi Club Olpe Biggesee, Moto Guzzi Club Kupferpaste und viele mehr in Deutschland. In Italien gibt es den Moto Guzzi Club Fiorenza, den Moto Guzzi Club Mandello del Lario … Hinzu kommen Clubs, die sich auf bestimmte Modelle innerhalb der Modellpalette spezialisiert haben, etwa der Falcone-Club (für Moto Guzzi Einzylinderfahrer), der Moto Guzzi California Club Schweiz, der italienische Stelvio-Club, Quelli del California oder Moto Guzzi V7 Club Italia. Jede noch so kleine Nische im Moto-Guzzi-Universum wird von einer Community bedient. Und deswegen muss auch niemand alleine fahren, schrauben oder feiern.

Guzzisti dell' Etna: Stolz werden die Patches der befreundeten Clubs auf der Weste getragen.

MOTO GUZZI
WORLD CLUB
GUZZISTI DELL'ETNA
Nikon
CLUB
LA SPEZIA
AQUILE MILLENARIE
CENTRO ITALIA
GUZZI CLUB
MOTO GUZZI CLUB
GUZZI CLUB
PALERMO
MOTO GUZZI WORLD CLUB
CALITRI
MOTO GUZZI
WORLD CLUB
AQUILE DELLA MARTESANA
AQUILA D'ORO
CATANIA
GUZZI CLUB
DOLOMITICO
MOTO GUZZI
MGWC - RIMINI

Anfang der 1970er Jahre standen großvolumige Sportbikes im Mittelpunkt des Interesses. Die einheimische Konkurrenz der Moto Guzzi V7 Sport hieß Ducati 750 S (Mitte) und Laverda 1000 3CL (rechts).

DUCATI

Mit der California durch Kalifornien? Kein schlechter Gedanke …

GESCHICHTEN

WELCOME TO
BEAUTIFUL PARADISE COVE
SEA THE VIEW
BRING THE KIDS
HAVE A SEAT
ENJOY MALIBU

88 Expedition zum Nordkap

Eine abenteuerliche Reise im Jahr 1928

Zu den ausgefallensten Motorradabenteuern in Europa zählt sicherlich ein Trip zum Nordkap. Wer den nördlichsten Zipfel des Kontinents ansteuert und nach endlosen Fahrten auf den Landstraßen Norwegens das 600 Kilometer jenseits des Polarkreises gelegene Ziel erreicht, hat einen Mythos bezwungen. In den 1920er Jahren galt eine solche Reise als nahezu unmöglich. Wegen des schlechten Straßennetzes und der kapriziösen Technik der damaligen Motorräder war eine Fahrt zum Nordkap ein gefährliches Wagnis. Für Carlo Guzzis Bruder Giuseppe, den alle nur »Naco« nannten, war das jedoch kein Hindernis. Naco wollte sich vom Comer See aus auf den Weg in den Norden machen. Nach seinem Studium als Bauingenieur hatte Naco ein Büro in Mandello bezogen und für die Firma seines Bruders Fabrikgebäude und Wasserkraftwerke entworfen. Darüber hinaus stieg er regelmäßig für ausgedehnte Motorradreisen auf seine Moto Guzzi Tipo Sport – etwa 1926 in die Karpaten. Bei diesen Fernfahrten über unbefestigte Wege kam bei ihm bald der Wunsch nach einem gefederten Rahmen auf. Gemeinsam mit Carlo entwickelte er daraufhin ein Hinterrad-Federungssystem. Diese revolutionäre Neuigkeit hielt ab Januar 1928 Einzug in die Serienfertigung – beim Modell G.T. 500. In Anlehnung an die Expeditionsleiter Umberto Nobile und Roald Amundsen, die 1926 mit ihrem Luftschiff namens »Norge« als erste Menschen über den Nordpol geflogen sind, erhielt die Grand-Turismo-Maschine den Beinamen »Norge«.

Um diesen halsbrecherisch klingenden Namen mit Taten zu untermauern, sollte Nacos nächste Reise zum Nordkap führen und so zu seinem größten Abenteuer werden. Er wollte der Spur folgen, die Nobile mit seinem Heißluftballon zurückgelegt hatte. Zudem sollte ein medial begleiteter Dauertest die Qualitäten der neuen G.T. 500 belegen und damit als hervorragende Werbung dienen. Nacos 500er wurde mit speziellem Zubehör ausgestattet – etwa einem Seitenkoffer aus Metall und einem Landkartenhalter unterhalb des Scheinwerfers. Im Sommer 1928 begann die Reise zum Nordkap. Seine erste Reifenpanne hatte Naco bereits 500 Meter vom Moto-Guzzi-Werk entfernt. Doch die gefederte G.T. 500 erwies sich als höchst zuverlässig. Die Fahrt führte durch fünf Länder, über schwer befahrbare Landstraßen Skandinaviens und entlang der Fjorde. Nach nur 28 Tagen überquerte Naco den Polarkreis, nach 3800 Kilometern hatte er sein Ziel, das Nordkap, erreicht. Er hatte die Zuverlässigkeit der Motorräder von Moto Guzzi bewiesen und schwärmte nach seiner Rückkehr in Mandello vom sagenhaften Komfort der Hinterradfederung.

G.T. 500 Norge, die erste Moto Guzzi mit gefedertem Hinterrad.

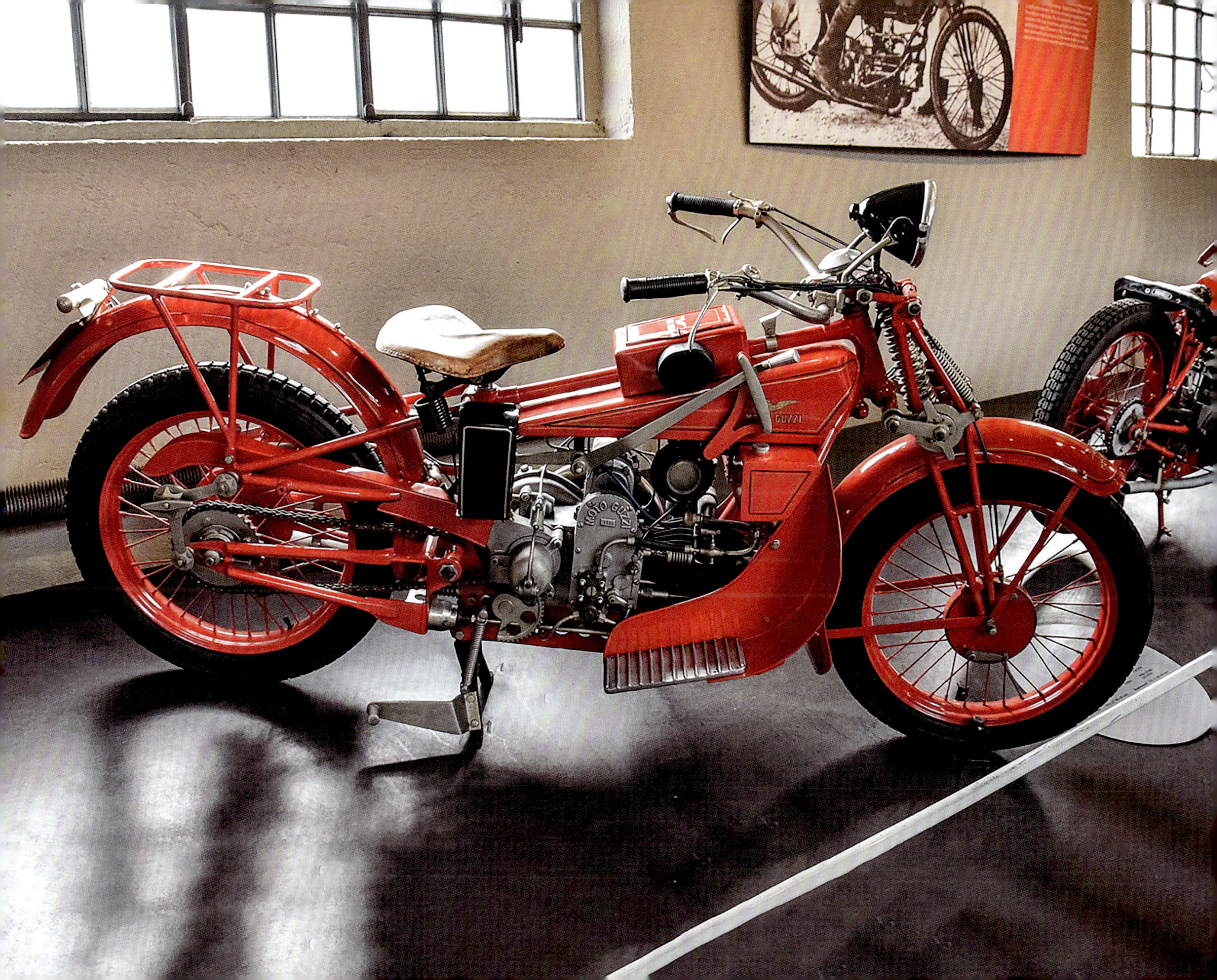
MOTO GUZZI

89__Canottieri Moto Guzzi

Die Ruderer vom Comer See

Bereits wenige Jahre nach Gründung der Aktiengesellschaft entwickelte sich Moto Guzzi zu einer treibenden Industriekraft am östlichen Ufer des Comer Sees. Ende der 1920er Jahre standen rund zehn Prozent der 4500 Einwohner des kleinen Örtchens Mandello del Lario auf der Gehaltsliste des Motorradherstellers. Doch Moto Guzzi war nicht nur ein bedeutender, sondern auch ein fürsorglicher, sozialer Arbeitgeber. Innerhalb weniger Jahre etablierte die Firma einen eigenen Supermarkt für ihre Angestellten, subventionierte Arbeiterwohnungen und diverse Freizeiteinrichtungen.

Im Jahr 1929 legte Moto Guzzi den Grundstein zum Aufbau eines eigenen Sportvereins. Wegen der Lage der Fabrik unmittelbar am Comer See lag die Gründung eines Ruderclubs geradezu auf der Hand – die »Gruppo Sportivo Moto Guzzi« als Feierabendsportinitiative für die Werksangehörigen. Seit 1941 wird jeder Motorradfahrer, der von Lecco aus in die Heimat von Moto Guzzi reist, von einem am Ortseingang von Mandello, unmittelbar am Seeufer gelegenen Bootshaus der Ruderer empfangen.

In kurzer Zeit wuchsen die Canottieri Moto Guzzi zu einer erfolgreichen Sportmannschaft heran. Kaum 300 Meter entfernt von der Motorradfabrik wurden internationale Talente entdeckt – etwa Silvio Comini, Franco Trincavelli, Alberto Winkler, Ivo Stefanoni oder Angelo Vanzin – und unzählige Erfolge in vielen Bootsklassen errungen. Zu den herausragendsten Siegen der Ruderer aus Mandello zählen die Siege bei der Olympiade in London 1948 und in Melbourne 1956.

___ Die Ruderer der einstigen Feierabendsportinitiative emanzipierten sich bereits nach wenigen Jahren und gelten heute in der Welt des Rudersports als siegreiche Spitzensportler.

CANOTTIERI MOTO GUZZI

90 I Fidanzati della morte

Kinofilm aus dem Moto-Guzzi-Werk

Im Februar 1957 drängten sich die Zuschauer in die Kinosäle, um den Motorrad-Rennzirkus, packende Zweikämpfe auf Leben und Tod und ohrenbetäubenden Motorenlärm hautnah zu erleben. Regisseur Romolo Marcellini hatte mit »I Fidanzati della morte« den ersten Spielfilm gedreht, der sich intensiv mit Motorradrennsport auseinandersetzte. Der italienisch-deutsche Film, der weltweit unter dem Titel »Engaged to Death« und in deutschen Kinos als »Die Verlobten des Todes« ausgestrahlt wurde, vereinte nicht nur eine Geschichte über Rivalität auf der Rennstrecke mit einem leidenschaftlichen Liebesdrama, er vergab darüber hinaus eine der Hauptrollen an die Marke Moto Guzzi – ohne diese allerdings beim Namen zu nennen.

Um das goldene Zeitalter des internationalen Motorradsports zu porträtieren, spiegelt »I Fidanzati della morte« die Rivalität der italienischen Motorradhersteller bei der Vorbereitung zu den Rennläufen und während des Grand Prix wider. Motorräder der Marken Gilera und Moto Guzzi treten im Film in direkte Konkurrenz, viele Filmszenen wurden direkt in der Moto-Guzzi-Fabrik gedreht. Manche Dialoge finden im Konstruktionsbüro oder vor dem Windkanal in Mandello del Lario statt, einige Szenen zeigen das legendäre Werkstor. Die für den Dreh nötigen Rennszenen entstanden beim Moto GP von Monza 1956 und bei der letzten Ausgabe des legendären Rennens Milano-Taranto – garniert mit jeder Menge Zeitkolorit damaliger italienischer Rennstrecken und gefilmt in atemberaubender Qualität. Neben Schauspielern wie Rik Battaglia, Sylva Koscina und Hans Albers spielen im Film viele bekannte Motorrad-Champions mit – etwa Geoff Duke, Bill Lomas, Libero Liberati, Walter Zeller, Enrico Lorenzetti, Reg Armstrong, Stanley Woods, Ken Cavanagh, Dickie Dale und Keith Campbell.

Nach seiner Premiere verschwand der Film für sechs Jahrzehnte in den Archiven. 2017 hat Rodaggio Film das alte Material restauriert und als DVD erneut veröffentlicht. So konnte der erste große Film über das Motorradfahren zu neuem Leben erweckt werden.

Ein wichtiger Außendrehort von »I Fidanzati della morte« war die Fabrik von Moto Guzzi am Comer See, hier eine Szene im Werkshof vor dem Windkanal.

Nach ersten Runden auf der hauseigenen Teststrecke auf dem Werksgelände fuhren die Testfahrer mit der V7 Special auf die Straßen rund um den Lago di Como.

91__Der Automotor

Stammt der Moto-Guzzi-V2 von einer Landmaschine ab?

Immer wieder wird dem V2-Motor von Moto Guzzi ein »Landmaschinen-Image« angedichtet, manche sprechen gar von einer Herkunft als Traktormotor, was natürlich so nicht im Raum stehen bleiben darf. Denn auch ohne agrikulturelles Erbe hat der 90-Grad-V-Motor eine durchaus interessante Geschichte.

In den 1960er Jahren wurde der Straßenverkehr beinahe von Monat zu Monat schneller. Die italienische Polizia Stradale konnte auf ihren mittlerweile leicht angegrauten Dienst-Falcone kaum noch folgen, wenn Gauner in ihren Alfa-Romeo-Giuliettas die Flucht antraten. Weil sich die Behörden zudem ein repräsentativeres Krad mit stärkerer Bordelektrik zur Versorgung von Funk- und Signalanlage wünschten, eröffnete das Ministerio del Interno im Jahr 1963 ein Ausschreibungsverfahren unter allen interessierten italienischen Motorradmarken. Neben Moto Guzzi stellten sich auch Benelli, Ducati, Gilera, Laverda und MV Agusta dieser Aufgabe. Ab Mai 1963 arbeiteten die beiden Ingenieure Giulio Cesare Carcano und Umberto Todero daran, einen völlig neuen Entwurf auf die Räder zu stellen. Ein luftgekühlter V2-Motor schien ihnen die richtige Wahl zu sein, um eine Leistung von etwa 40 PS zu erreichen – zumal beide Techniker bereits vor einigen Jahren an V-Motoren mit einem Zylinderwinkel von 90° gearbeitet hatten. Giulio Cesare Carcano initiierte 1958 ein Triebwerk mit 500 bis 650 ccm, das Enrico Cantoni gezeichnet hatte. Gespräche mit Fiat in Turin, den V-Motor für eine Sportversion des Cinquecento zu nutzen, verliefen ergebnislos. Doch Carcano fuhr den 36 PS starken 650er in seinem persönlichen Fiat 500 und schwärmte von einer Spitzengeschwindigkeit von 140 km/h. Umberto Todero hingegen wirkte bei Antonio Miccuccis Entwurf eines gebläsegekühlten 750-ccm-Motors für den dreirädrigen, von 1960 bis 1963 gebauten Militärtransporter Mulo Mechanico 3x3 mit, der nur mit viel Fantasie einer Landmaschine ähnelte.

__ Eine Zeit lang testete Cheftechniker Giulio Cesare Carcano einen V2-Prototypen-Motor mit 650 ccm und 36 PS in seinem privaten Fiat 500.

Die positiven Erfahrungen mit V-Zweizylindern nutzten die Ingenieure für das neue Motorradprojekt, ohne jedoch auf die Motorkonstruktionen für den Fiat und schon gar nicht des 3x3 zurückzugreifen. Der im November 1964 fertiggestellte Prototyp der nun V7 700 genannten Maschine gab den Startschuss für die Motorarchitektur aller großen Guzzis der kommenden Jahre. Moto Guzzi hat die Ausschreibung übrigens gewonnen. Keines der Motorräder eignete sich besser für langsame Kolonnenfahrt und schnelle Autobahnetappen. Ein Traktor spielte bei der Entwicklung nun wirklich keine Rolle.

92 Hamburg-Wien-Hamburg

Vollgas-Autobahnjagd anno 1969

Ende der 1960er Jahre waren Kilometerleistungen von 50.000 km ohne größere Reparaturen und störungsfreie Vollgastouren über viele Kilometer bei Motorrädern nicht selbstverständlich. Oftmals geriet die Standfestigkeit der Motoren oder der Reifen an ihre Grenzen. Moto Guzzi jedoch war sich sicher, dass die V7-Modelle solche Marathon-Autobahntorturen problemlos bewältigen könnten. Um den Beweis anzutreten, verabredeten sich drei Moto-Guzzi-Fahrer – unter ihnen Importeur Fritz Röth – und ihre Beifahrer zu einer offiziellen 24-Stunden-Langstrecken-Vollgasfahrt. Die V7-750-Fahrer wollten unter sportamtlicher Aufsicht des ADAC, des Deutschen Motorsport-Verbands und des österreichischen ARBO von Hamburg nach Wien und wieder zurück fahren. Erwin Müller und Hugo Schmitz samt Sozia traten mit je einer serienmäßigen Solo-V7 Special an, Importeur Röth wählte für dieses Unterfangen sein V7-750-Gespann. Am Samstag, dem 27.9.1969 um 15 Uhr startete das Dreier-Team in Hamburg-Stillhorn in Richtung des rund 1200 Kilometer entfernten Wien. Nach jeweils etwa 200 Kilometern hatten die Sportkommissare eine Tankpause festgelegt – in Seesen, an der Tankstelle Rhön, in Greding, Rosenheim, Linz und am Wendepunkt Wien. Unterwegs hatten die V7-Fahrer mit wolkenbruchartigem Regen, Böen und nebeligen Abschnitten zu kämpfen. Zudem trat bei zwei der Maschinen Ölverlust an einer Steigleitung auf, der jedoch am Straßenrand behoben werden konnte.

Trotz aller Widrigkeiten erreichte Hugo Schmitz als Erster nach 8 Stunden und 54 Minuten mit einem Schnitt von 131 km/h Wien. Nach 15 Minuten Pause drehte er um zum zweiten Teil der Autobahnjagd. Erwin Müller traf eine Stunde später in Wien ein, und auch das Gespann von Röth machte sich schon bald wieder auf den Rückweg. Nach etwa 1700 Kilometern erlitt seine Maschine jedoch einen Vibrationsriss am Benzintank, Röth gab auf. Um halb zehn am nächsten Morgen erreichte Schmitz ohne besondere Vorkommnisse Hamburg-Stillhorn und drehte gleich wieder um. Schließlich wollte er 24 Stunden durchfahren und bis 15 Uhr so weit wie möglich kommen. Auch Müller wendete wenige Minuten nach seiner Ankunft. Nach 24 Stunden und 2766 Kilometern endeten die Gewaltprobe und damit der Testlauf für die V7 Special. Bester Durchschnitt: 125,4 km/h. Moto Guzzi hatte bewiesen, welches Potenzial in der V7 steckt.

Startpunkt der Gewaltprobe Hamburg-Stillhorn: Hugo Schmitz, Erwin Müller und der deutsche Moto-Guzzi-Importeur Fritz Röth mit dem V7 750-Gespann (v.l.n.r.).

93__Letzte Ruhe

Bekannte Namen auf dem Friedhof von Mandello del Lario

Unmittelbar am Werksgelände von Moto Guzzi gelegen, gleich hinter der Mauer, an der die alte Teststrecke vorbeiführt, befindet sich der Friedhof von Mandello del Lario. Wer sich auf einen Rundgang über die Ruhestätte begibt, wird feststellen, dass viele Gräber mit Fotos von Motorrädern oder mit Zweiradinsignien geschmückt sind. Außerdem wird dem Motorradfreund so mancher Name bekannt vorkommen. Und das hat seinen Grund: Da Moto Guzzi bis in die 1960er Jahre der größte Arbeitgeber des Ortes war, stammten die meisten Ingenieure, Rennfahrer und Mechaniker aus der näheren Umgebung. Folglich wurden sie an diesem idyllischen Ort zwischen der Grigna-Gebirgsgruppe, dem Lago di Como und der traditionsreichen Motorradfabrik begraben.

Auf dem Friedhof liegen auch viele Mitglieder der Familie Guzzi. Das Grab des 1964 verstorbenen Carlo Guzzi schmiegt sich eng an das Werksgelände – ganz so, als könne sich der Gründervater von Moto Guzzi nicht von seinem Lebenswerk trennen. Auch sein Bruder Giuseppe, seine Schwester Fanny und seine Ehefrau Francesca Gatti fanden ihre letzte Ruhestätte an der Strada per Maggiana. Manche Grabsteine zieren berühmte Namen, etwa der des ehemaligen Leiters der Testabteilung und Vize-Europameisters von 1947 Ferdinando Balzarotti oder der des Grand-Prix-Fahrers Duilio Agostini. Außerdem sind Guido Mentasti, der 1924 als erster Werksfahrer in der Geschichte von Moto Guzzi die Halbliter-Europameisterschaft holte, Valentino Gatti, Schwager von Carlo Guzzi und Sieger des Circuito del Lario im Jahr 1923, sowie TT-Teilnehmer Guido Corti in Mandello bestattet.

Giulio Cesare Carcano, der als Ingenieur für die schnellen Rennmaschinen, aber auch für wegweisende Serienmotorräder verantwortlich zeichnete, sowie Umberto Todero, der 66 Jahre lang als leidenschaftlicher Motor-Konstrukteur im Dienste der Marke stand, liegen in einer Gruft auf dem »Cimitero di Mandello«. Gleich neben unzähligen Moto-Guzzi-Mitarbeitern, etwa dem Werks-Klempner Alberto Winkler, der 1956 als Ruderer im Sportverein von Moto Guzzi bei den Olympischen Spielen von Melbourne in der Disziplin »Vierer mit Steuermann« die Goldmedaille errang. Zur Erinnerung an diese Erfolge zieren sein Grab die fünf olympischen Ringe.

__ Gründerfamilie, Rennfahrer, Konstrukteure oder Mechaniker: Viele, die in Mandello del Lario ihre letzte Ruhe gefunden haben, waren mit dem Unternehmen Moto Guzzi verbunden.

UMBERTO
TODERO
28 12 1922
27 2 2005

WINKLER
1932
1981

CARLO GUZZI
1889 1964

ANTONIO
ZUCCHI
1 6 1920
TERESA
RATTI

MARCO
GHIRARDI
1973 1995

94 Traumberuf Testfahrer

Mit Vollgas zum Entwicklungsziel

In den vor einigen Jahren neu errichteten Hallen inmitten der ehemaligen Einfahrstrecke werden nicht nur Motorräder zusammengebaut, hier arbeiten auch die Testfahrer. Oben, in der zweiten Etage, bildet eine kleine Werkstatt mit zwei Arbeitsbühnen deren stationären Arbeitsplatz. Unmittelbar hinter dem Fließband tanken die Fahrer ihre Probanden an der eigenen Zapfsäule auf, befestigen mit Klettverschlüssen die »Prova«-Kennzeichen am Heck und führen einen letzten Check durch – bevor es auf die Straße geht. Denn meistens sind die Tester rund um Mandello del Lario unterwegs. Täglich bereiten sie vier Motorräder aus der laufenden Produktion für ihre Testfahrten vor. Willkürlich ausgewählt. Sommer wie Winter.

Testfahrer gibt es seit Gründung der Firma. Oft waren die begabten Chauffeure auch als Rennfahrer im Einsatz. Für Moto Guzzi bei der Milano-Taranto oder beim Bol d'Or, privat auf Kawasaki, Morbidelli oder eben Guzzi. In den 1970er Jahren wurden auch die Motorräder von Benelli in Mandello getestet, weil die Marke ebenfalls zum De-Tomaso-Konzern gehörte. Früher bewerteten Fahrer wie Diulio Agostini, Franco Cereda oder »Kuba« Zucchi, was die Ingenieure entwickelt hatten – neu geformte Kolben oder unterschiedliche Federelemente. Oft über 700 Kilometer pro Arbeitstag. Seit 2012 beurteilen die Tester vor allem das Endprodukt. Die eigentliche Entwicklungsarbeit findet in Noale bei Aprilia statt. Anstrengend waren die Probefahrten zu jeder Zeit – etwa, wenn mit der V7 700 mit Vollgas und in einem Rutsch nach Rom und wieder zurück oder mit dem Trotter-Mofa über den Splügen-Pass gefahren wurde. Und gefährlich waren sie auch. 1969 etwa kam ein Fahrer der Truppe auf der Schnellstraße nach Lecco auf einer V7 ums Leben.

Über 50 bis 80 Kilometer inspizieren Testfahrer ihre Stichproben in der Piaggio-Ära – etwa Cesare »Cecco« Micheli, der bis 2020 als »Collaudatore« tätig war. Sie kennen geeignete Strecken, etwa den anspruchsvollen Circuito Lario, die alte Bergrennstrecke, auf der bis 1939 die italienische TT abgehalten wurde. Oder das Valsassina-Tal, das bei Bedarf auch hohe Geschwindigkeiten erlaubt. Erst wenn die Fußrasten kratzen, beißender Geruch von der Bremse aufsteigt und die Telegabel bis zum Anschlag einfedert, lassen sich brauchbare Eindrücke gewinnen.

Willkürlich suchen sich die Testfahrer Motorräder aus der laufenden Produktion aus, um sie ausführlichen Fahrtests zu unterziehen – hier eine California 1400 Custom.

95__ Sammelleidenschaft

Kollektionen und Privatmuseen

Motorräder aus Mandello werden nicht nur gefahren, sondern auch als technische Objekte bestaunt. Passionierte Sammler in allen Teilen der Welt haben sich konsequent auf die Marke Moto Guzzi spezialisiert. Manche legen ihren Schwerpunkt auf das Vervollständigen bestimmter Modellreihen, andere besitzen eine dreistellige Anzahl von Einzylinder-Typen oder von Highlights der 1970er Jahre.

Naturgemäß existieren vor allem im Heimatland von Moto Guzzi diverse umfangreiche Privatsammlungen, in denen höchst kostbare Rennmotorräder, Prototypen und Raritäten stehen. Außergewöhnliche Stücke finden sich zum Beispiel in den Hallen von Antonio Frigerio in Lecco, kaum zehn Kilometer vom Moto-Guzzi-Werk entfernt. Frigerios sensationelle Kollektion, die bereits sein Vater initiiert hatte, umfasst rund 400 Motorräder der Marke Moto Guzzi. Darunter befinden sich wahre Juwelen, etwa diverse Rennmotorräder der 1930er bis 1950er Jahre bis hin zu einer originalen Otto Cilindri. Elio Brunelli hat in Forlimpopoli nahe der Adria-Küste ein eigenes Moto-Guzzi-Museum errichtet. Der ehemalige Präsident des ASI (Automotoclub Storico Italiano) präsentiert auf 650 Quadratmetern die Höhepunkte der Marke von 1930 bis 1970. Auch Aurelio Rampazzo betreibt in Mirano ein Privatmuseum, das der Marke Moto Guzzi gewidmet ist. Auf zwei Etagen sind 80 Motorräder ausgestellt, darunter seltene Rennmaschinen wie C4V, Albatros oder Dondolino. Stefano Bartolotta hingegen hat sich auf Behördenkräder spezialisiert. Seine mit sämtlichem Originalzubehör ausgestatteten Polizeimotorräder pilotiert der Moto-Guzzi-Liebhaber aus Bergamo in passenden Uniformen.

Auch jenseits der Grenzen Italiens werden die Motorräder mit dem Adler auf dem Tank mit großer Leidenschaft zusammengetragen. So hat Moto-Guzzi-Händler Teo Lamers 2021 in Victoria/Australien ein charmantes hölzernes Gebäude eingeweiht, in dem seine stattliche Kollektion untergebracht ist. Mehr als 400 Mandello-Bikes aller Baujahre parken auf drei Etagen seines Anwesens im Outback. Für all diese Sammler sind die Motorräder von Moto Guzzi nicht nur ein Stück Eisen: Sie haben ein Herz und eine Seele.

__ Antonio Frigerios große Passion gilt den Moto-Guzzi-Rennmotorrädern der 1930er- bis 1950er Jahre. Er präsentiert seine Grand-Prix-Maschinen wie diese Bicilindrica regelmäßig auf internationalen Rennveranstaltungen für klassische Motorräder.

14
7
20
36

Einzylinder-Modelle von Moto Guzzi wie diese krude Nuovo Falcone werden eher selten für Umbauten verwendet. Besser so?

TUNING/CUSTOM

96_ V7 Chopper

Ein Custom-Special aus europäischen Teilen

Alles begann mit einem Hinterrad. Ein findiger Bastler hatte eine feiste 5,5-Zoll-Akront-Aluminiumfelge auf die serienmäßige Trommelbremsnabe einer Moto Guzzi V7 gespeicht. Ein Distanzring zum Einbau in eine verbreiterte Guzzi-Schwinge stand ebenfalls zum Verkauf. Damit war der Startschuss für einen Chopper-Umbau auf Basis einer alten Moto Guzzi V7 gefallen, der im Wesentlichen aus europäischen Bauteilen zusammengesetzt sein sollte – quasi als Gegengewicht zu den allgegenwärtigen US-Eisen. Wichtiger Bestandteil der Custom-V7 musste ein im Sitzbereich niedrigerer Rahmen werden. Als Spezialist für Moto-Guzzi-Chopper war schnell Achim Kindermann von KMS ausgemacht, der den V7-Rahmen im Sitzbereich um acht Zentimeter absenkte und das Rahmenheck radikal kürzte. Sämtliche Arbeiten fanden mithilfe einer speziellen Rahmenlehre statt, um zu gewährleisten, dass sich die Geometrie nicht verändert. Der europäische Teilemix setzte sich zusammen aus der 38 Millimeter starken Marzocchi-Gabel aus einer Laverda, dem Vorderrad samt Trommelbremse einer spanischen Bultaco, dem Scheinwerfer einer Kreidler, dem Benzintank einer Gilera 175, dem Lenker einer Moto Guzzi Falcone und vielen weiteren Details – etwa Tarozzi-Fußrasten, einer VA-Auspuffanlage von SR-Racing oder Rocket-Inc.-Risern »made in Germany«.

Der Motor aus einer Le Mans II erhielt eine Leistungskur mit 1000 ccm und penibler Feinbearbeitung sämtlicher Komponenten bei HTMoto, was zu einer ausgewogenen und druckvollen Motorcharakteristik führte. Denn noch mehr als die deutlich über 80 PS würden weder der antike V7-Rahmen mit seinen riesigen Rohrschleifen noch die winzige Halbnabenbremse im Vorderrad verkraften. So ist der Euro-Chopper erste Wahl für deftige Beschleunigungsorgien. Mit Nachdruck stürmt der V2 über die gesamte Drehzahlleiter, bietet bereits Schub ab 2000 Umdrehungen und erwacht zwischen 5000 und 7500 Touren zu seinem zweiten Frühling. Solange es geradeaus geht, werden US-Langgabler und TwinCam-Harleys automatisch zu willkommenem Kanonenfutter …

__ Gilera-Tank, Laverda-Gabel, Kreidler-Scheinwerfer und MV-Agusta-Bremse: Auf Basis einer antiken Moto Guzzi V7 entstand ein Chopper »made in Europe«.

97 Cycle Garden

Moe Moore weiß, wie man Legenden macht

Der Name Moto Guzzi steht in Europa vor allem für dynamische V2-Sportler und für robuste Tourenmotorräder. In der neuen Welt hingegen gelten die Italo-Bikes als lässige Alternative zu Harley-Davidson und Co. – vor allem die klassischen Modelle von vor Baujahr 1975. Einen wesentlichen Anteil an dieser Wahrnehmung in Nordamerika hat Moe Moore, Inhaber von Cycle Garden in Indio im Süden von Kalifornien. Cycle Garden restauriert und modifiziert die Mandello-Klassiker mit größter Sorgfalt. Nach einer Behandlung im kalifornischen Beauty-Salon sehen Ambassador, Eldorado oder V7 Sport besser aus als im Neuzustand. Das dreiköpfige Team poliert, strahlt und lackiert die alten V-Twins auf und versieht sie mit allerlei sinnvollen technischen Verbesserungen – etwa Big-Bore-Kits für 1000 ccm oder Doppelbremsscheiben im Vorderrad. Viele der glänzenden Unikate erhalten Kurbelwellenlager aus Bronze, erleichterte Schwungscheiben oder überarbeitete Zylinderköpfe.

Auch wenn die Bikes von Cycle Garden sich optisch nicht allzu weit vom Serienzustand entfernen, so verfügen sie dennoch über jede Menge Customparts und individuelle Details. An den wegen ihres Schleifenrahmens »Loopframe-Bikes« genannten V7-Modellen verbaut Moe zum Beispiel Trittbretter, seltenes Polizei-Zubehör, Solosättel und kugelrunde Seitenkoffer der Marken Wixom oder Buco. Typisch für seine Bikes sind auch die oft bonbonfarbenen, schillernden Candy-Lackierungen. Seine optimierten sowie uneingeschränkt alltagstauglichen V7 700 und Eldorados verkauft der 1,90-Meter-Hüne auch ins ferne Europa. Selbst Prominenz wie Schauspieler Ewan McGregor zählt zu Moes Kundenkreis. Übrigens hat der selbstbewusste Kalifornier einen Fotoband namens »Guzzi Girls« veröffentlicht, in dem sich leicht- bis unbekleidete Damen auf italienischem Alteisen rekeln. So etwas kennen wir in Europa bestenfalls in Kombination mit Harley-Choppern. Für Moe passt dieses Image einfach perfekt zum »best motorcycle in the world«.

Moe Moore ist der Herr über die Traumfabrik für Guzzi-Freunde. Modelle nach 1975 unterzieht er nur in Ausnahmefällen seiner Spezialbehandlung.

CYCLE GARDEN
MOTO GUZZI
MOTO GUZZI
Eldorado

THE PARTS STOP
ALLT FÖR DIN
HARLEY-DAVIDSON
TWIN CLUB
NORRTELJE

Auf der berühmten »Custom Bike Show« im schwedischen Norrtälje räumen nicht nur Harley-Chopper Preise ab: 2008 gewann Togos V7-Dreirad den Trike-Pokal.

98_ Ritmo Sereno

V7 Roadster aus Japan

Shiro Nakajima ist zwar Japaner, kann allerdings mit den Motorrädern aus seinem Heimatland nicht viel anfangen. Begeistern kann er sich für Zweiventiler von BMW und – vor allem – Sportler von Moto Guzzi. Also spezialisierte er sich auf europäische Bikes und eröffnete kurz nach dem Jahrtausendwechsel im Norden von Tokio eine Werkstatt für klassische Motorräder. Hinter der hellen Glasfassade eines ehemaligen Autohauses verwandelte er BMWs und Moto Guzzis in atemberaubende Einzelstücke und prägte schnell seinen eigenen, dynamischen Umbaustil.

Im Jahr 2009 präparierte Nakajima eine 1971er Moto Guzzi Ambassador für den Einsatz bei Rundstreckenrennen. Der 750-ccm-Motor erhielt eine umfangreiche Überarbeitung, zum Beispiel ein erhöhtes Verdichtungsverhältnis, bearbeitete Zylinderköpfe, Sport-Pleuel und Keihin-CR-Vergaser. Der Sportfahrer modifizierte außerdem den Schleifenrahmen und bestückte ihn mit einer Yamaha-Telegabel und Öhlins-Stoßdämpfern. Die Bremsperformance optimierte er mit 298-mm-Scheiben samt Lockhead-Sätteln, den serienmäßigen Tank verschmälerte er sorgfältig. So bietet sich die spürbar abgespeckte Ambassador für Clubrennen und schnelle Veteranenläufe an. Für die Fahrt auf öffentlichen Straßen kann der Japaner in Minutenschnelle einen Scheinwerfer und ein kleines Rücklicht montieren.

Vor Kurzem ist Shiro Nakajima aufs Land gezogen – in die Yatsugatake Mountains, rund 150 Kilometer von Tokio entfernt. Er hat seine alte Firma an einen neuen Besitzer übergeben und kommt nur noch alle paar Wochen einmal in die große Stadt. Die übrige Zeit widmet er seiner neuen Firma »46 Works«. Nach wie vor interessiert er sich kein bisschen für japanische Fahrzeuge, betreut mittlerweile aber auch Autos von Alfa-Romeo. Und Motorräder von Moto Guzzi, die baut er noch immer um.

__ In Japan werden nicht nur Modelle mit Tonti-Rahmen umgebaut, auch aus klassischen Tourern mit Schleifenrahmen wie dieser 1971er Ambassador entstehen minimalistische Sportler.

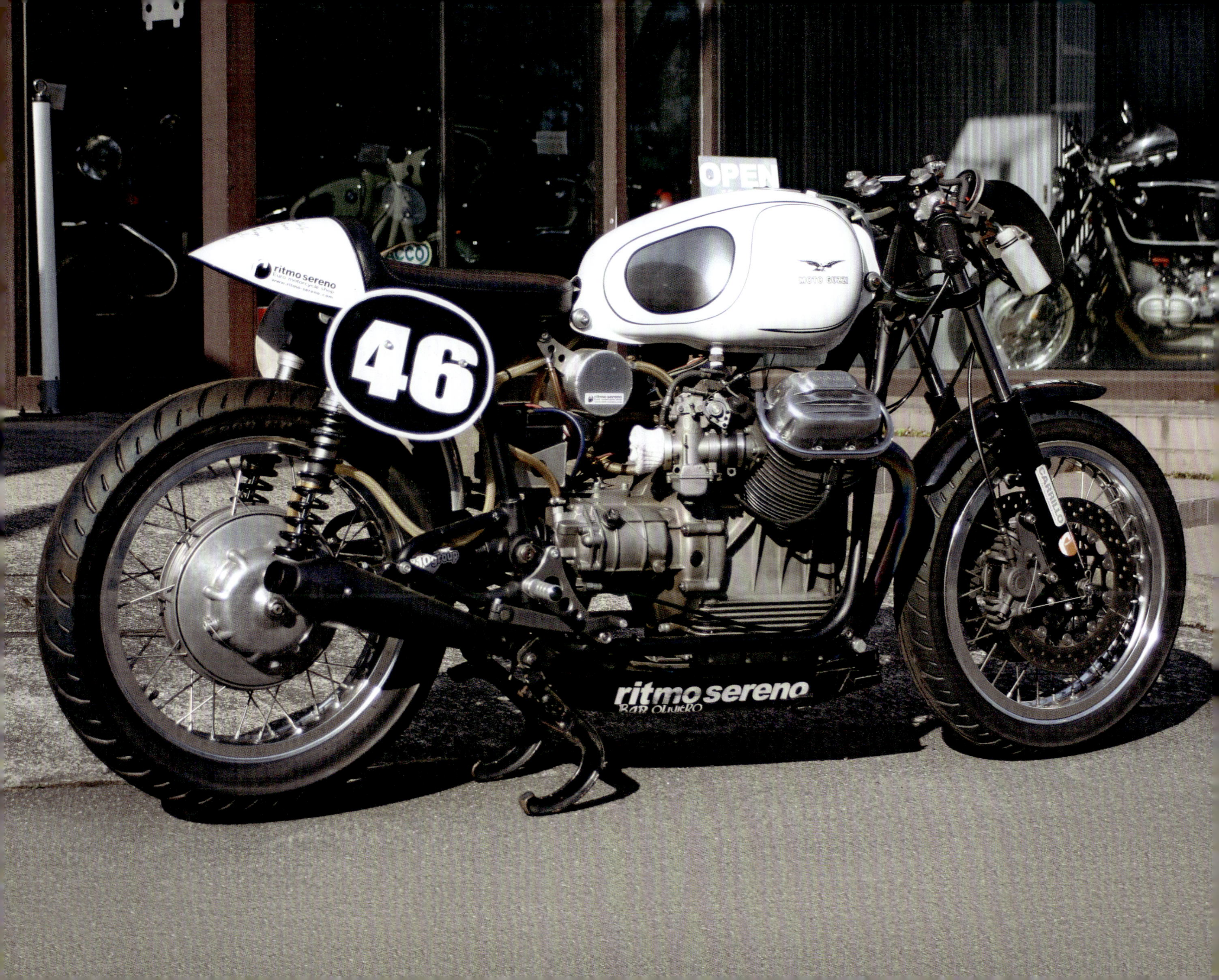
OPEN
ritmo sereno
46
ritmo sereno

99_ The Raven

US-Konstruktion mit amputiertem Zylinder

Raven MotoCycles ist das Ein-Mann-Unternehmen des Künstlers, Grafikers und Moto-Guzzi-Fahrers Jeff Gundlach aus den USA. In Kleinserie baut Jeff außergewöhnliche Motorräder auf Moto-Guzzi-Basis. Genau genommen stammen lediglich die Motoren vom Comer See, der Rest ist eigenhändig gefertigt oder wird von anderen Motorrädern adaptiert. Anders als bei Moto Guzzi dreht sich die Kurbelwelle seiner Kreationen allerdings quer zur Fahrtrichtung, die Zylinder bilden also eine Längsachse mit dem gesamten Bike.

15 Jahre lang spukte die Idee eines Motorrads mit um 90 Grad gedrehtem Guzzi-V2 in Jeffs Kopf herum, bis er 2008 damit begann, Skizzen und Vorrichtungen anzufertigen. In seiner Garage in Asheville, North Carolina baute er die erste »Raven«. Er montierte den 750-ccm-Motor einer 1971er Ambassador in einen Eigenbau-Rohrrahmen, flanschte ein Norton-Vierganggetriebe an und verbaute eine 530er-Antriebskette zum Hinterrad. Räder, Schwinge, Trommelbremsen und Telegabel stammten von einer Honda CB 350 von 1968. Benzintank und Auspuffanlage waren handgedengelt.

Seinem Erstlingswerk folgten weitere »Raven«-Modelle. Die Interessenten hatten die Wahl zwischen 750, 850 oder 1000 ccm Hubraum. Je nach Konfiguration montierte Jeff alternativ Dell'Orto- oder Mikuni-Vergaser, wählte eine leichte oder schwere Schwungscheibe und offerierte die Wahl zwischen verschiedenen Auspufftypen. Aufgrund der Einbaulage wurde es dem hinteren Zylinder manchmal bedenklich heiß. Und auch wenn es nie zu einem Hitzeschaden gekommen war, merzte der Amerikaner diese Schwachstelle bei seinem neuesten Projekt konsequent aus: Er ließ den hinteren Zylinder einfach weg. Diesen skurrilen Einzylinder konstruierte Jeff gemeinsam mit seinem Bruder Tim, der in Melbourne Beach, Florida wohnt. Denn längst ist auch Tim Gundlach vom Raven-Fieber befallen.

___ Verrückter Single: Im Unterschied zur »The Raven«-Kleinserie verzichtet das Unikat von Tim Gundlach auf den hinteren Zylinder.

100 Agostini und DMB

Ein Liter Hubraum dank einer italo-germanischen Kooperation

Als 1976 die Le Mans vorgestellt wurde, war sie zweifellos ein sehr schnelles Sportmotorrad. Dennoch gab es ambitionierte Fahrer, denen die Leistung des serienmäßigen 850-ccm-Motors nicht ausreichte. Moto Guzzi bot die Le Mans daher gegen Aufpreis mit einem Rennkit an, das unter anderem eine scharfe Nockenwelle, 40er-Vergaser und ein gradverzahntes Getriebe beinhaltete.

Nachdem Rennmechaniker Bruno Scola als Erster seine Triebwerke mit 1000-ccm-Zylindern ausgestattet hatte, übernahm Vertragshändler Diulio Agostini aus Mandello die Idee für seine Sportumbauten. Auf Basis der 1980 präsentierten Le Mans II schuf Agostini eine Sonderserie, die sich durch Motortuning, Glasfaser-Vollverkleidung, Höckersitzbank und weitere sportliche Details auszeichnete. Diese limitierte 1000er fertigte Agostini vor allem für den deutschen Moto-Guzzi-Importeur, die Deutsche Motobécane GmbH in Bielefeld (DMB). Die mit Erlaubnis des Werks als DMB V1000 Le Mans II angebotene Maschine leistete 82 PS aus 949 ccm. Identischer technischer Komponenten bediente sich die DMB Le Mans Ago. Die limitierte Auflage basierte auf Le-Mans-CX100-Modellen für den US-Markt.

Weil Guzzi-Tuner wie Bajohr oder Gawa für beeindruckende Rennsiege sorgten, beschloss DMB im Jahr 1983, auch von der Le Mans III eine 1000er zu entwickeln – einerseits als Grundlage für zukünftige Rennmotorräder, andererseits um die Erfolge auf der Rennstrecke in Neufahrzeugverkäufe umsetzen zu können. Denn den serienmäßigen Le Mans III genügten noch immer 850 ccm – angesichts der Konkurrenz aus Japan eher bescheiden. Während Agostini bei der 1000 Le Mans III wie gehabt die Vorarbeit leistete, vertraute DMB auf Rennsportteile »Made in Germany« – etwa Kolben von Mahle oder Nockenwellen von Schrick. So erreichte der 998-ccm-Motor beachtliche 95 PS. Die Kunden konnten unter diversen Verkleidungen, Tanks oder Fußrastenanlagen wählen, wodurch beinahe jedes der rund 100 Motorräder ein individuelles Erscheinungsbild aufwies. Erst 1985 bot Moto Guzzi mit der Le Mans 1000 ein Sportmotorrad mit einem vollen Liter Hubraum ab Werk an. Die sensationellen Fahrleistungen der Tuningbikes von Agostini bzw. DMB konnte das 82 PS starke Serienbike allerdings nicht toppen.

Erste Sport-Guzzi mit 1000 ccm war die schnelle V1000 Le Mans II von Diulio Agostini (kleines Bild). Wie die 1000 Le Mans III des deutschen Moto-Guzzi-Importeurs DMB wurde sie mit Duldung des Werks angeboten.

Original Tuning, Zubehör,
Bekleidung.
MOTO GUZZI
MOTO GUZZI

101 Moto Spezial bassa lunga

Nobelcruiser von der Schwäbischen Alb

Einer der kreativsten und umtriebigsten Moto-Guzzi-Läden der 1980er und 1990er Jahre war die Moto Spezial GmbH im schwäbischen Gomadingen. Neben einem regen Teilehandel entwickelte Moto Spezial nicht nur einzelne Baugruppen für die Motorräder aus Mandello, sondern gleich auch ganze Fahrzeuge. Das wohl bekannteste Bike von der Schwäbischen Alb war ein »bassa lunga« getaufter Edelcruiser.

Als die »bassa lunga« Ende 1994 erschien, überraschte sie mit ihrem geradlinigen Design und einer ungeahnten Perfektion. Durch den Einsatz außergewöhnlicher Komponenten vermittelte das Custombike ein erstaunlich sportliches, für das Genre der Chopper und Bobber eher untypisch dynamisches Fahrgefühl. Zu den technischen Schmankerln zählten etwa eine um sechs Grad gereckte Upside-down-Gabel mit Linearkugellager-Technik aus eigener Fertigung, Fournales-Luftfederbeine, vorverlegte Fußrasten mit kugelgelagerten Hebeleien sowie ein elegantes, selbst entwickeltes Kombi-Instrument mit Tachometer und Drehzahlmesser. Gefräste Oberflächen an vielen Anbauteilen und eine 2-in-2-Edelstahlauspuffanlage sorgten für eine aufgeräumte Optik, ein ebenfalls selbst entwickeltes Motormanagement mit geregeltem Katalysator machte das 75 PS starke 1064-ccm-Aggregat überdurchschnittlich umweltverträglich.

Über viele Jahre hatten die damaligen Moto-Spezial-Chefs Hans-Peter und Sybille Länge gute Kontakte nach Italien aufgebaut. Daher erhielten sie für die Kleinserienproduktion der »bassa lunga« modifizierte California-Rahmen direkt vom Zulieferer und neue 1100er-Zweiventilmotoren und Getriebe ab Werk in Mandello del Lario. Leider blieb der außergewöhnliche Schwaben-Cruiser nur wenige Jahre im Angebot, da Moto Spezial im neuen Jahrtausend die Tore schloss. Viele der wegweisenden, in Gomadingen entwickelten Zubehörteile für die großen V2 von Moto Guzzi sind aber selbst heute noch erhältlich, etwa bei Stefan Bronold von Radical Guzzi.

Tief duckt sich die »bassa lunga« auf den Asphalt. Trotz vorverlegter Fußrasten und bodennahem Einzelsitz lässt sich der Cruiser flott bewegen.

Noki-Guzzi: Der Schwabe Norbert Kienzler fertigte ab 1982 Renn- und Straßenmotorräder mit eigenem Fahrwerk in Kleinstserie.

JAPAN
brembo

102 Bruno Scola Racing

Leiter der Versuchsabteilung, Vertragshändler, Tuning-Papst

Als Bruno Scola 1962 seinen ersten Job bei Moto Guzzi antrat, war er gerade einmal 16 Jahre alt. Der begabte Konstrukteur arbeitete sich hoch und war ab 1969 im Reparto Sperimentale, der Versuchsabteilung von Moto Guzzi, tätig. Schon bald stieg Scola zum Abteilungsleiter auf. Am südlichen Ende des Werksgeländes, unmittelbar neben dem alten Windkanal, tüftelte er an der Verbesserung sämtlicher Baureihen. Mit großer Leidenschaft baute er Rennmotorräder auf und spezialisierte sich auf die Leistungssteigerung der Motoren. Unmittelbar nach den Rekordläufen 1969 in Monza begann Ingenieur Lino Tonti mit der Konstruktion eines neuen Rahmens für ein zukünftiges Rennmotorrad. Bruno Scola wirkte aktiv an der Entwicklung der V7 Sport mit. Er modifizierte den 750-ccm-Motor, erdachte Verbesserungen, verbrachte viele Monate mit der Abstimmung und begleitete das Rennteam bei Langstreckenrennen als verantwortlicher Techniker. Nach dem Bol d'Or 1972 beendete Moto-Guzzi-Chef Alessandro de Tomaso die werksseitigen Rennaktivitäten, und Scola gründete gemeinsam mit einigen Testfahrern ein eigenes Team. So nahmen die kontinuierlich verbesserten Sport-Guzzis weitere vier Jahre erfolgreich an 24-Stunden-Rennen teil. Scola brachte die Motoren auf 1000 ccm und erzielte Motorleistungen von über 100 PS.

Anfang der 1980er Jahre verließ Bruno Scola die Fabrik in Mandello und übernahm einen Moto-Guzzi-Vertragshandel im nahe gelegenen Lecco, mit dem er zehn Jahre später nach Carate Brianza nahe Mailand umsiedelte. Mit seinem unschätzbaren Insiderwissen galt der Altmeister als erste Adresse für schnelle Moto-Guzzi-Motorräder. Er entwickelte eigene mechanische Tuningteile: Nockenwellen, Zylinderköpfe oder Kolben. Mit Eintritt ins Rentenalter verkaufte er seine bestens eingeführte Firma, aus der in Folge Millerpercento entstand. Doch Bruno Scola war nicht gemacht für den Ruhestand. In seiner kleinen Werkstatt in Mandello del Lario baut er noch immer Motoren für die Rennmotorräder vom Team Agostini 777 und überträgt seine gesammelten Erfahrungen auch auf Straßenmotorräder. So mancher Fahrer eines neuen Motorrads staunt nicht schlecht, wenn ein lächelnder Senior mit einer über fünfzig Jahre alten V7 700 an ihm vorbeizieht …

— Vintage Endurance: Bruno Scola auf einer präparierten Renn-Le-Mans vom Team Agostini 777.

Anima Guzzista
MOTO GUZZI
GILARDONI
47

Sinnvolle Details wie getunter Motor, stabilere Telegabel, Vierkolbenbremsen und Drehmomentabstützung machen den Cafe Racer auf Basis einer Le Mans III zum schnellen Superbikeschreck.

MOTO GUZZI

103 HTMoto

Mit Akribie und Know-how bearbeitet, entfaltet eine Moto Guzzi ihre wahre Magie

Hartmut Taborsky, Gründer von HTMoto in Aachen, galt viele Jahrzehnte als eine der ersten Adressen, wenn es darum ging, die Technik von Moto-Guzzi-Zweizylindern gründlich zu optimieren. Als sich der geniale Tuner im Jahre 2015 zur Ruhe setzte, hinterließ er für viele Italo-Biker ein großes Vakuum.

Spezialitäten der Aachener Schmiede waren im Hause entwickelte Nockenprofile, eine programmierbare Zündanlage, eine kurze, penibel abgestimmte 2-in-2-Auspuffanlage und optische Pakete mit eigenen Bodyparts. Wenn ein Motor die Werkstatt des Perfektionisten verließ, dann verfügte er fast immer über einen sauber ausgeführten Massenausgleich von Kurbelwelle, Pleueln und Kolben, über feinbearbeitete Zylinderköpfe, ausgeliterte Brennräume sowie Doppelzündung mit zwei Kerzen pro Zylinder für eine schnellere Ausbreitung des Zündfunkens. So gerüstet und auf dem eigenen Prüfstand mit Bedacht abgestimmt, vermochte eine klassische Guzzi auf flotten Landstraßenrunden wahre Wunder zu bewirken. Auch das abgebildete, mattschwarze Unikat hat eine Kur nach HTMoto-Art erhalten. Der Roadster basiert auf einer Le Mans I und ist ausgestattet mit einem 1000-ccm-Kit, größeren Ventilen, 40er Dell'-Orto-Vergasern sowie der oben beschriebenen Feinkost. Das Fahrwerk der extrem aufgeräumt wirkenden Le Mans erhielt ein Upgrade mit Borrani-Speichenrädern, Fournales-Federbeinen und FAC-Gabeldämpfern. Sporttank und Sitzbank »Arturo« entstammen einer HTMoto-Kleinserie.

Seinen Ruhestand verbringt Taborsky heute im Südosten Frankreichs. In seiner gut bestückten Garage parken eine Handvoll besonders schöner Sport-Moto-Guzzis – private Spielzeuge, die er in seiner Freizeit weiteroptimiert. Kundenaufträge nimmt er nicht mehr an. Doch viele der in den vergangenen Jahren entstandenen Motorradkreationen fahren noch immer über deutsche Schnellstraßen und internationale Rennovale – meistens gesegnet mit einer stattlichen Spitzenleistung und jeder Menge Punsch im Drehzahlkeller.

Fahrmaschine par excellence: Hinter dem klassischen Look der HTMoto Le Mans verbirgt sich ein pfeilschneller Landstraßen-Roadster.

GUZZI

104_Magni

MV-Agusta-Know-how und der Adler aus Mandello

274 Grand Prix-Siege und 75 WM-Titel holte die kleine Marke MV Agusta zwischen 1952 und 1974. Verantwortlich für die spektakulären Erfolge waren sicherlich Fahrer wie John Surtees oder Giacomo Agostini, einen wesentlichen Anteil hatte jedoch Chef-Techniker und Rennleiter Arturo Magni, der die Vierzylinder-Renner von MV in siegreiche Weltmeisterschaftsmaschinen verwandelte. Nachdem sich MV Agusta Mitte der 1970er Jahre aus dem Grand-Prix-Sport zurückgezogen hatte, sah sich Magni nach neuen Aufgaben um. Gemeinsam mit seinen Söhnen eröffnete er 1976 in Samarate, nordöstlich von Mailand, eine Edel-Motorradwerkstatt. Neben der Betreuung sportlicher MV Agustas produzierte Magni seit 1980 eigene Motorräder. Zunächst verbaute er Honda-Bol-d'Or- und BMW-Motoren in eigene Fahrgestelle, ab 1985 setzte er dann auf Zweiventil-Aggregate aus der Moto Guzzi Le Mans 1000.

Die stabilen Rahmen der Modelle »Classic«, »Arturo« oder »Sfida« fertigte Magni aus leichtem Chrom-Molybdän, im Heck reduzierte eine Parallelogrammschwinge lästige Kardanreaktionen. In Samarate entstanden Modelle mit Vollverkleidung, mit Halbschale oder als nackter Roadster. Als in Mandello 1992 der Vierventilmotor mit 998 ccm erhältlich war, produzierte Magni eine Serie mit dem neuen Triebwerk. Wegen der Erfolge des australischen Rennfahrers Owen Coles erhielten sie die Bezeichnung »Australia«, Nachfolger wurde die »Australia 98« mit Vierkantrohrrahmen. Ausschließlich für den japanischen Markt mit seinen strikten Führerscheinregelungen präsentierte Magni 1992 die »Sfida 400«. Überhaupt sollte sich Japan als der Hauptabsatzmarkt für Magni-Modelle erweisen. Diesem Verkaufserfolg trug das Modell »Giappone« bereits in der Namensgebung Rechnung. Seit 1998 kam bei den Magni-Guzzis eine Einspritzanlage von Weber-Marelli zum Einsatz. Nach der Jahrtausendwende übertrug Arturo Magni die Leitung der Firma an seinen Sohn Giovanni, unter dessen Händen noch heute in Samarate Motorräder entstehen – moderne MV-Agusta-Dreizylinder. Und damit schließt sich der Kreis.

Giovanni Magni und sein berühmter Vater Arturo Magni (rechts) im Jahr 2012 hinter einer Rundmotor-Rennmaschine, mit der Magni 2011 als offizieller Motorradhersteller beim Bol d'Or Classic in Magny Cours teilnahm.

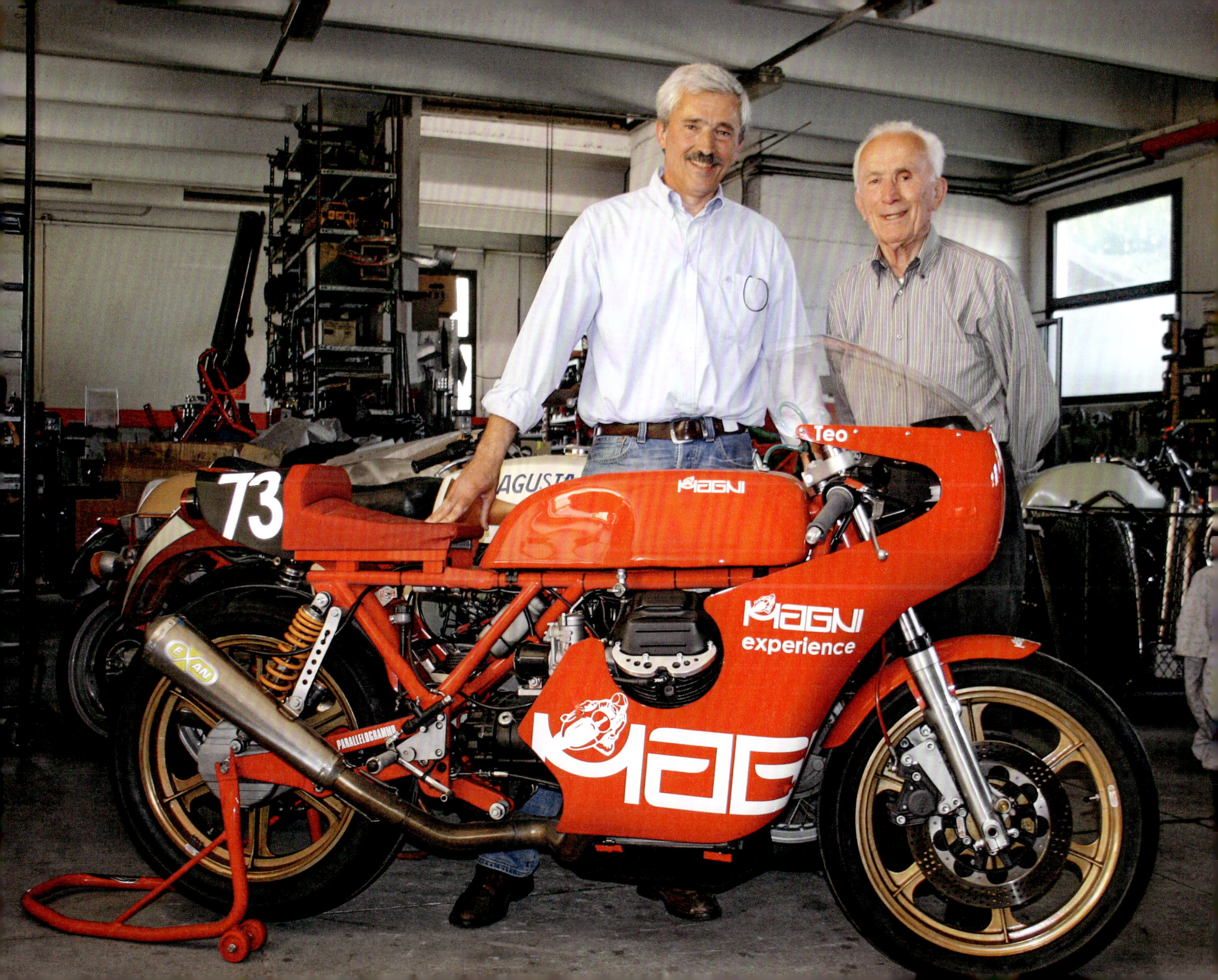
73
Teo
MAGNI
MAGNI
experience
PARALLELOGRAMMO
AGUSTA

105 Mandello Cycles

Custombikes aus Norddeutschland

Minimalistisch, urig, kräftig. Genau so muss für Ingo Pape aus Bremervörde eine echte Moto Guzzi sein. Und weil es aus seiner Sicht puristische Roadster im Programm der Italiener momentan nicht gibt, baut der Inhaber von Mandello Cycles seine bevorzugten Motorräder halt in Eigenregie. Dabei ist es ein Segen, dass Moto-Guzzi-Bikes einem konsequenten Baukastenprinzip unterliegen. Pape kombiniert mit Vorliebe Teile verschiedener Modelle aus unterschiedlichen Epochen zu einem neuen Ganzen und verleiht seinen Kreationen geschickt einen völlig eigenständigen Charakter.

So bildet der Rahmen einer 850 T3 das Grundgerüst für seine flache und formschöne Fahrmaschine mit der Bezeichnung »Dragster«. Pape reckte den Lenkkopf um sieben Grad, um eine perfekte Lowrider-Optik zu erhalten. Zudem verbaute er die lange Schwinge einer California EV und Dreispeichenräder samt Bremsen einer V11 mit 3,5" und 5,5" Breite. Der Benzintank stammte von einer 1100 Sport, als Antriebsaggregat wählte er den V2 einer Le Mans 4. Eine gezielte Leistungssteigerung ermöglicht dem Dragster nun, seinem Namen alle Ehre zu machen.

Bei Mandello Cycles entstehen auch Motorräder anderer Gattungen, etwa die »Strada Speziale«-Kleinserie. Als sportlicher Cruiser verfügt die »Strada Speziale« über einen 170/70-16 Hinterreifen auf einer 5x16"-Felge in Verbindung mit einer Le-Mans 4-Schwinge und speziellen Federbeinen. 250 mm breite Alu-Gabelbrücken sorgen für eine stämmige Front und die hausgemachte Rahmenheckänderung für eine bodennahe Sitzposition. Die Eigenkreation »Peter F.« hingegen präsentiert sich mit Apehanger-Lenker und vorverlegten Fußrasten als ernst zu nehmender Chopper. Doch Mandello Cycles kann auch sportlich: Mit der auf einer 1100 Sport i.e. von 1997 basierenden »Race Group 2« beweist der Norddeutsche einmal mehr, dass aus einem Sammelsurium an Teilen nicht nur ein faszinierender Cafe Racer, sondern auch etwas vollkommen Neues entstehen kann.

Musclebike: Mandello-Cycles-Chef Ingo Pape positioniert seinen Dragster irgendwo zwischen Ducati Diavel und Harley-Davidson FXDR 114.

MOTO GUZZI

106 Radical Guzzi

In der Oberpfalz werden die Leistungsgrenzen der klassischen Zweiventiler gesprengt

In der Werkstatt von Radical Guzzi im oberpfälzischen Schwarzenfeld dreht sich alles um Moto Guzzi. Als Vertragshändler kümmert sich das Team von Stefan Bronold junior um Wartung, Reparaturen und den Verkauf von Neufahrzeugen. Eine außergewöhnliche »Spezialität des Hauses« hebt die 2010 gegründete Guzzi-Schmiede jedoch aus den üblichen Konzessionären heraus: Radical Guzzi adaptiert den Vierventilmotor der Modelle Griso, Norge oder California 1400 in den klassischen Tonti-Rahmen aus den 1970er Jahren. Als erste Firma weltweit modifizierte Radical Guzzi die neueren 8V-Motoren so, dass die Lichtmaschine der klassischen Zweiventiler montiert, das Fünfganggetriebe angeflanscht und Flachschiebervergaser statt der Einspritzanlage verwendet werden können. Unabhängig von der jeweiligen Ausbaustufe der kraftvollen Aggregate bieten die Custombikes aus Schwarzenfeld eine Performance jenseits der üblichen Sportumbauten mit dem Adlerlogo.

Mit Umbauten auf Moto-Guzzi-Basis hatte Stefan Bronold bereits begonnen, als seine Werkstatt noch »Guzziladen« hieß. Auf diese »Flacheisen« getauften Cafe Racer folgten diverse Ableger, bis Bronold auf die Kombination voluminöser Vierventilmotoren mit zierlichen Tonti-Rahmen verfiel. Bei seinen Umbauten legte er den Schwerpunkt mal auf maximale Leistungsstärke, mal auf klassisches Erscheinungsbild und mal auf Tourentauglichkeit. Es entstanden einzigartige Motorräder wie die MGR 1200 mit Lachgaseinspritzung, mit der Radical Guzzi 2016 erfolgreich an der Essenza-Rennserie teilnahm. Oder die »Ristretto« mit dem 1400-ccm-Motor der California. Ihr prägnantes Design verdankt sie dem ehemaligen BMW-Designer Sylvain Berneron, das Bronold eins zu eins umsetzte. »The Fugitive« hingegen wurde mit allem ausgestattet, was schnell macht. So erhielt der 1400er-Motor eine Leistungskur auf 140 PS, Fahrwerk und Bremsen vertrauen auf aktuelles Top-Material. Doch es geht noch mehr: Die »Saeta« kommt auf 1700 ccm und kann mit dem Sechsganggetriebe von Moto Guzzi kombiniert werden. Nach einer noch kräftigeren Straßen-Guzzi muss man wohl lange suchen.

Moto Guzzi MGR 1200 mit Lachgaseinspritzung: Stefan Bronold junior auf Radical Guzzis Hommage an den 2007 verstorbenen Rennfahrer Bill Lomas.

RADICAL GUZZI
E2
MOTO GUZZI
ÖHLINS

107_Death Machines of London

Airforce – eine Le Mans II zu Ehren von Giovanni Ravelli

Giovanni Ravelli, einer der drei Gründer der Marke Moto Guzzi, war Kampfpilot im Ersten Weltkrieg, Fliegerass und Motorradrennfahrer. Er galt als waghalsig und schnell, was ihm den Spitznamen »der italienische Teufel« einbrachte. Für Death Machines of London Grund genug, ein außergewöhnliches Custombike zu Ehren des am 11. August 1919 bei einem Flugzeugabsturz in Venedig verstorbenen Ravelli zu entwickeln.

Als Spender-Motorrad für die »Airforce« getaufte Eigenkreation diente eine 1982er Moto Guzzi Le Mans II. Die Briten versahen den Tonti-Rahmen mit einem maßgeschneiderten Lenkkopf mit einer Reckung von 3°. Die hintere Schwinge entnahmen sie einer California III, nicht ohne die Federung auf ein Mono-Shock-Cantilever-System umzurüsten. Vorne setzten sie die Gabel einer Aprilia sowie ein 21-Zoll-Speichenrad ein. Die 300-mm-Bremsscheiben entwarfen die Edelschrauber selbst und gaben sie zur Fertigung bei den Spezialisten von DMOL in Auftrag. Auch Clip-on-Lenker, Fußrastenanlage, Hebeleien und der Xenon-Projektorscheinwerfer für Fern- sowie Abblendlicht der Airforce sind spezielle Sonderanfertigungen.

Vor allem bei der selbst gefertigten Aluminiumkarosserie fragten sich die Londoner immer wieder, was wohl Ravelli gefallen hätte. Schnell war klar, dass die Verkleidungsteile vor allem eines ausdrücken sollten: Geschwindigkeit. Also dengelten sie die Body Parts von Hand über ein Holzskelett. Dieses Verfahren hinterließ aus offensichtlichen Gründen diverse Unvollkommenheiten. Üblicherweise werden Hammerbeulen und Schweißnähte mit Spachtelmasse und Lack überzogen. Doch die kreativen Schrauber beschlossen, das Metall roh zu belassen und es lediglich mit einer Bürste zu behandeln – genau wie bei einem Kampfflugzeug aus dem Ersten Weltkrieg. Die Death-Machines-Crew war sich sicher: Giovanni Ravelli hätte die Airforce gefallen.

__ Boden-Boden-Rakete: Handgedengelte Aluminiumteile verwandeln die Le Mans II in ein veritables Einzelstück.

DEATH
ACHINES
OF
Firestone

108 Kaffeemaschine

Die cleansten und coolsten Moto-Guzzi-Cafe-Racer kommen aus Hamburg

Axel Budde ist konsequent. Er baut Custombikes. Und als Basis verwenden er und sein Team ausschließlich die charakterstarken V-Zweizylinder von Moto Guzzi. Und weil seine Firma Kaffeemaschine weder Wartung noch Reparaturen ausführt und auch kein Zubehör verkauft, kann der Hamburger all seine Kraft in seine Motorradschöpfungen stecken. Seine Einzelstücke sind formvollendet, in jedem Detail sauber ausgeführt und wirken ungemein stimmig – als gehörten sie in den Showroom eines Vertragshändlers. So stellt sich Axel Budde mit seinen in akribischer Handarbeit hergestellten Cafe Racern der Digitalisierung und dem Wachstumswahn entgegen.

Seine riesige Werkstatt bietet ideale Voraussetzungen. Jeder Arbeitsschritt wird in einem eigenen Bereich vollzogen, es gibt einen Schleif- und einen Schweißraum, eine Motorenwerkstatt, die Entwicklungsabteilung in Form von Axels Büro und ein Teilelager. Nicht zu vergessen: Neben dem großzügigen Showroom befindet sich die unverzichtbare Kaffeeecke – mit einer glänzenden Faema-Espressomaschine von 1964. Sauber und aufgeräumt ist es überall, auf jedem der 330 Quadratmeter könnte man vom Boden essen.

Bei Kaffeemaschine entstehen vor allem sportliche Cafe Racer. Gern im traditionellen Look der 1960er Jahre mit poliertem Tank und Speichenrädern, aber auch im wilden Stil der 1970er mit grellen Farben und kantigen Formen oder als formschöner Roadster mit höherem Rohrlenker für zwei Personen. KM 25 nennt sich das abgebildete Unikat. Das klassische Sportbike basiert auf einer 850 Le Mans III von 1983, ein 1000-ccm-Umbau sorgt für mächtig Druck, eine Yamaha-R6-Gabel für perfektes Roadholding. Carbonverkleidung, Auspuffanlage, Alutank und vieles mehr sind eigenentwickelte Teile. Dank umfangreicher Erleichterungsmaßnahmen verharrt die Waage bei unter 180 kg. In seinem früheren Leben war Axel Präzisionsfahrer für Filmaufnahmen. Und noch heute freut er sich über flotte Rennstreckenrunden mit seinen Kreationen, die nicht nur atemberaubend performen, sondern dank penibler Feinarbeit auch fit für den Alltag sind.

180 Kilo Fahrspaß: Axel Budde beschleunigt seine Kaffeemaschine KM 25 durch den Hamburger Hafen.

109 Millepercento

Eigenständige Sportbikes mit Genen aus Mandello

Millepercento in Verano Brianza ist kein gewöhnlicher Moto-Guzzi-Händler. Schon die schiere Größe des 2005 gegründeten Betriebs in einem schmucklosen, 30 Kilometer nördlich von Mailand entfernten Gewerbegebiet macht neugierig. Neben den üblichen Aufgaben eines Vertragshandels wie Wartung und Neumaschinenverkauf hat man sich ganz der Veredelung von Moto-Guzzi-Motorrädern verschrieben. Aber was heißt hier eigentlich Veredelung? Unter der Regie von Inhaber Stefano Perego entstehen in der norditalienischen Gemeinde eigenständige Edel-Produkte mit Komponenten aus dem nahegelegenen Mandello del Lario: Seit 2010 ist Millepercento anerkannter Motorradhersteller.

Ex-Guzzi-Mitarbeiter Giuseppe Ghezzi – auch bekannt durch die Edelschmiede Ghezzi & Brian – hat für Millepercento die Alba entwickelt, ein 200 Kilogramm leichtes, vollverschaltes Sportbike mit eigenem, federleichtem Rahmen und Carbon-Bodywork, das zur Serienreife gebracht wurde. Außerdem haben die Tüftler gemeinsam mit dem Mailänder Ingenieurbüro Mariani einen wassergekühlten V2 mit 1420 ccm für den Einbau in Moto-Guzzi-Fahrwerke geschaffen. Stramme 140 PS leistet der Big-Bore-Zweiventiler, der Modelle wie die auf der Griso basierende Millepercento BB1 standesgemäß befeuert.

Neuester Streich ist eine 1200er mit dem sperrigen Namen »Scighera 8V«. Das puristische Nakedbike greift auf den Rahmen der Alba zurück, der für ungeahnte Handlichkeit sorgt. In Kombination mit Öhlins-Hardware, Brembo-Bremsen und Borrani-Dickspeichenrädern ist die Scighera wie geschaffen für die kurvigen Straßen der Lombardei. Antriebseinheit und Einarmschwinge stammen aus der Moto Guzzi Griso. Dank 64-mm-Einzeldrosselklappe von Dell'Orto, Zard-Auspuffanlage und Sportluftfilter leistet der Quattrovalvole sechs zusätzliche Pferde. Leider ist die Homologation nach Euro-5-Standards ein Problem. Fehlendes ABS und strenge Emissionsvorgaben machen die Zulassung in der EU unmöglich. Es sei denn, die Scighera basiert auf einem gebrauchten Basismotorrad.

Kleinserie vom Großhändler: Millepercento-Chef Stefano Perego mit der Scighera 8V, Baujahr 2020. Auch der 1420 ccm-Big-Bore-Motor (oben) stammt aus der Ideenschmiede in Verano Brianza.

VERNICIATURA
INDUSTRIALE
CROMATAZIONE
ALLUMINIO

110_ Tom Dixon

Eine V7 beim London Design Festival 2019

Tom Dixon ist ein gefragter Produktdesigner. Mit seinen Beleuchtungsobjekten wie der Fin-Obround-Hängelampe von 2012 oder Sitzmöbeln wie der Fat Chaise Longue gelang dem Briten nicht nur ein gestalterischer Coup, sondern auch ein beachtlicher wirtschaftlicher Erfolg. Darüber hinaus ist Dixon auch ein enthusiastischer Moto-Guzzi-Fahrer. Was also lag näher, als bewährte italienische Technologie mit innovativer Formgestaltung zu kreuzen?

Der berühmte Stylist wandte sich an Stefano Venier von Venier Motorcycles, der ihm bei der Umsetzung seiner Ideen assistieren sollte. Die beiden nahmen sich also das Retrobike Moto Guzzi V7 vor und verliehen der 750er eine ganz persönliche Handschrift. Das »Tomoto« getaufte Einzelstück erhielt Bodyparts aus gebürstetem Aluminium, lasergeschnittene, grafisch-geometrische Felgen und einen Frontscheinwerfer, der an Dixons Deckenleuchten erinnerte. Krude gestaltete Schutzbleche und Halter sowie eine hochgelegte 2-in-2-Auspuffanlage mit flexiblen Krümmern und Endschalldämpfern der sizilianischen Firma Mass vervollständigten die ungewöhnliche Mischung aus Motorradkunst und Industriedesign. Das »Tomoto«-Logo pinselte Tom Dixon selbstbewusst von Hand auf den Benzintank, außerdem versah er seinen schöpferischen Beitrag mit einer Signatur – ganz wie bei einem Kunstwerk.

Im Coal Office, dem Londoner Hauptsitz des berühmten Designers, präsentierte Dixon im September 2019 das Ergebnis seiner Kreativität. Im Rahmen der Veranstaltung »Touchy Smelly Feely Noisy Tasty« zum London Design Festival zeigte er die »Tomoto« erstmals der Öffentlichkeit. Manch traditioneller Motorradfahrer blickte mit fragendem Blick auf die ungewöhnliche Interpretation einer Moto Guzzi V7. Doch die Kreativen und Schrillen der britischen Hauptstadt feierten das stylische Unikat als den größten Star der Ausstellung.

Im Herzen der Londoner Kreativszene: Tom Dixon posiert auf der von ihm gestalteten Moto Guzzi V7 »Tomoto«.

COAL
OFFICE
DRIVE
SLOWLY
TomDixon
OFFICE
ToMoTo

111 Schwarzer Edelstein

Moto Guzzi V9 Onyx

Claudia Geppert fährt bereits seit vielen Jahren Motorrad. Und mit Motorrad meint sie Moto Guzzi. Ihre Liebe zur Marke aus Mandello del Lario entdeckte sie auf einer Nevada 750. Es folgte eine Breva 750, auf deren Sitzbank sie viele Kilometer verbrachte. 2019 kam der Wunsch nach einem moderneren Untersatz auf – mit stärkerem Motor, einer leichtgängigeren Kupplung und vielleicht noch ABS, um unter allen Bedingungen sicher zum Stehen zu kommen.

Auf den ersten Blick schien eine Moto Guzzi V9 Bobber mit 10 % mehr Leistung als die 750er, mit ABS und 70 Nm Drehmoment ab 3000 U/min perfekt zu sein, doch Claudia konnte sich nicht mit dem Design anfreunden. Was also tun, wenn man nicht sehr groß gewachsen ist und alle anderen Modelle der Lieblingsmarke einfach zu hoch sind? Für Ehemann Harald Geppert, Zweiradmechanikermeister, 14 Jahre lang Techniker und Schulungsleiter bei Moto Guzzi sowie Inhaber des XS-Ladens, war das eine freudige Herausforderung: Er baute das passende Motorrad für seine Liebste einfach selbst.

Zunächst entfernte er von der Basis V9 Bobber Tank, Vorderrad, Gabel, Beleuchtung und Sitzbank und ersetzte sie – wo möglich – gegen Originalteile von Moto Guzzi. Der V9-Tank wich dem Benzinbehälter einer V7, die Gabel wurde kürzer, das Heck mit Federbeinen von YSS tiefergelegt. Auch das Vorderrad entnahm Harald einer V7. LED-Leuchten und ein Windschild von GIVI ergänzten den stimmigen Cocktail. Großen Wert legten die Gepperts auf die Sitzposition: Die neue Sitzbank war zweifarbig, und die Sitzhöhe wurde um fünf Zentimeter abgesenkt, während sie die Position des Oberkörpers dank der LSL-Lenkerhalter und des breiteren Lenkers von Spiegler aufrechter gestalteten. Zur Vervollständigung seiner Arbeit fügte Harald noch einen Hauch von Klasse hinzu: Die Ventildeckel werden nun von Swarovski-Kristallen verziert. Rechtzeitig zum Geburtstag von Claudia war aus einer V9 Bobber ein schwarzer Edelstein entstanden – die Moto Guzzi V9 Onyx.

Neo-Retro: Mit Karosserieteilen der V7 wird aus dem V9 Bobber ein klassischer Roadster.

MOTO GUZZI
V9

Technisch brillant und optisch unerreicht: Die Moto Guzzi 750 S von 1974 zählt zu den großartigsten Motorrädern der gesamten Modellgeschichte der Marke aus Mandello del Lario.

750 S
MOTO GUZZI

Bibliografische Information der Deutschen Nationalbibliothek
Die Deutsche Nationalbibliothek verzeichnet diese Publikation in der Deutschen Nationalbibliografie; detaillierte bibliografische Daten sind im Internet über http://dnb.d-nb.de abrufbar.

© alle Abbildungen: © Archiv Moto Guzzi: S. 9, 11, 15, 21, 25, 26/27, 29, 43, 44/45, 47, 51, 53, 54/55, 56/57, 59, 61, 63, 65, 67, 71, 75, 77, 79, 81, 85, 87, 89, 90/91, 92/93, 97, 103, 105, 107, 117, 120/121, 123, 128/129, 131, 133, 139, 140/141, 147, 153, 157, 159, 161, 163, 165, 166/167, 172/173, 179, 184/185, 191, 210, 213, 215, 221, 225, 249, 250/251, 253, 275, 299; © Babic: S. 295; © Dirk Mangartz: S. 12/13, 17, 19, 23, 33, 35, 37, 38/39, 41, 49, 82/83, 95, 99, 109, 111, 113, 115, 119, 125, 127, 135, 143, 145, 149, 151, 155, 171, 177, 181, 187, 189, 195, 196/197, 201, 203, 205, 207, 209, 211, 217, 219, 223, 226/227, 229, 231, 233, 234/235, 237, 239, 240/241, 243, 245, 247, 257, 259, 261, 263, 265, 267, 268/269, 271, 274, 278/279, 281, 282/283, 287, 289, 291, 293, 297, 302/303; © Daniele Torresan: S. 301; © Lafranconi: S. 199; © Marabese: S. 137; © Millepercento: S. 296; © MotoSpezial: S. 277; © Fritz Röth: S. 31, 69, 73, 169, 175, 183, 192/193, 255; © Hartmut Taborsky: S. 285; © Teo Lamers: S. 101; © Tim Gundlach: S. 273

© Emons Verlag GmbH
Alle Rechte vorbehalten
Covergestaltung: Franziska Emons-Hausen
Layout: Ralf Reiche, Weusthoff & Reiche Design, Hamburg
nach einem Konzept von Lübbeke | Naumann | Thoben
Druck und Bindung: Optimal Media, Röbel/Müritz
Printed in Germany 2021
ISBN 978-3-7408-1196-9
Originalausgabe

Unser Newsletter informiert Sie regelmäßig über Neues von emons: Kostenlos bestellen unter www.emons-verlag.de

FSC www.fsc.org MIX Papier aus verantwortungsvollen Quellen FSC® C108521

Dirk Mangartz ist als Motorjournalist für Buch- und Zeitschriftenverlage tätig. Zudem betreut er Motorradhersteller und Motorradzubehör-Shops bei der Presse und Öffentlichkeitsarbeit. Er war 15 Jahre lang als Chefredakteur für das Motorradmagazin Custombike tätig und schreibt heute Beiträge für verschiedene Fachzeitschriften und Tageszeitungen.